개복치의 비밀

MAMBO NO HIMITSU

Copyright © 2017 by Etsuro Sawai
Originally published 2017 by Iwanami Shoten, Publishers, Tokyo.
This Korean edition published 2018 by leekimpress, Seoul by arrangement
with Iwanami Shoten, Publishers, Tokyo through Danny Hong Agency.
Korean translation copyright © 2018 by **leekimpress**, Seoul.

이 책의 한국어판 저작권은 대니홍 에이전시를 통해 저작권사와 독점 계약한
도서출판 이김에 있습니다. 저작권법에 의해 한국 내에서 보호를 받는
저작물이므로 무단전재와 복제를 금합니다.

이김 비밀시리즈 ①

개복치의 비밀

초판1쇄 펴냄 2018년 12월 2일

지은이 사와이 에쓰로
옮긴이 조민정
책임편집 이송찬

펴낸곳 도서출판 이김
등록 2015년 12월 2일 (25100-2015-000094)
주소 서울시 은평구 통일로 684 22-206 (녹번동)
이메일 leekimpress@gmail.com

ISBN 979-11-89680-01-5
979-11-89680-00-8 (세트)

값 12,000원
잘못된 책은 구입한 곳에서 바꿔 드립니다.

이 도서의 국립중앙도서관 출판예정도서목록(CIP)은 서지정보유통지원시스템
홈페이지(http://seoji.nl.go.kr)와 국가자료공동목록시스템(http://www.nl.go.kr/
kolisnet)에서 이용하실 수 있습니다. (CIP제어번호 : CIP2018037316)

개복치의
비밀

개복치 박사 **사와이 에쓰로 지음**
개복치 같은 번역가 **조민정 옮김**

이듬

머리말

개복치라는 물고기를 아는가? 개복치는 마트에서 살 수 있는 전갱이, 고등어 등 일반 생선의 몸통 뒤쪽 절반이 뎅강 잘려나 간 것 같은 독특한 모습이다. 지금은 개복치를 구경할 수 있는 수족관도 있어서 이미 개복치를 아는 사람이 많을 것이다. 이 책을 손에 든 여러분 역시 개복치가 무엇인지 알고 있으리라고 생각한다.

그럼 여러분은 개복치에 대해 어떤 것을 알고 있는가? 그리 고 앞으로 어떤 부분을 더 알고 싶은가? 그런 궁금증을 안고 내가 이 책을 쓰기 시작한 것은 2015년 8월 말, 히로시마 대학 에서 박사학위 심사를 끝내고 결과가 나오기만을 기다리던 무 렵이었다.

개복치는 우리 인간보다 덩치가 훨씬 크고, 물 위에 둥둥 떠 있다 싶으면 어느새 깊은 바닷속까지 잠수하는 등 우리의 호기심을 마구 자극하는 물고기다. 나는 그런 개복치를 어린 시절부터 정말 좋아했다. '좋아하는 일은 그만큼 잘하게 된다'

는 말처럼 개복치를 좋아하는 차원을 뛰어넘은 나는 서른 무렵이 되자 나도 모르는 사이에 진짜 '개복치 박사'가 되어 있었다.

그러다 이번에 인연이 닿아 중고생 이상 일반 독자를 대상으로 한 개복치 책을 쓰게 된 나는 참고가 될 만한 개복치 책이 없는지 인터넷에 검색해 보았다. 하지만 에도 시대 때, 곧 1603~1867년 사이에 나온 책, 외서, 창작물을 제외하면 아무리 뒤져도 개복치 책은 없었다. 내가 갖고 있는 1,300개 이상의 개복치류에 관한 자료에서도 다랑어나 장어에 관한 책은 있어도 개복치만 다룬 책은 역시 본 적이 없다.

따라서 이 책이 개복치라는 생물을 종합적으로 다룬, (적어도 21세기에서는) 일본 최초의 일반서가 될 것이라고 생각한다.

개복치는 인터넷에서도 종종 화제에 오르는 인기 많은 물고기다. 하지만 몸이 거대한 만큼 연구하기 까다로워서 개복치 생태의 많은 부분이 아직까지 베일에 가려져 있다. 나는 그러한 개복치의 비밀을 하나라도 더 밝혀내기 위해 특정 분야에만 머무르지 않고 형태, 분류, 생태, 민속 등 폭넓은 시야를 가지고 개복치를 자유롭게 연구해 왔다. 그렇다, 나의 개복치 연구는 어린 시절에 여름방학 과제로 한 '자유연구'의 연장선상에 있다고 할 수 있다.

여기서는 그 자유연구의 결과로, 개복치의 몸의 구조와 새로 발견된 개복치의 친척, 새로운 연구 방법이 등장하면서 기존 내용이 확 뒤집힌 개복치의 생태, 사람과 관계를 맺어온 역사, 인터넷을 떠도는 도시전설 등의 잡학에 나의 성공담과 실패담까지 버무려 하나씩 발표하고자 한다. 1~2장에는 전문 용어가 많이 나오기 때문에 어렵게 느껴진다면 3장부터 읽어도 좋다. 또 박사가 되기 위한 과정이라든지 개복치를 예시로 든 자유연구 방법도 간단히 다루었다.

나아가 '괴짜' 소리를 흔히 듣곤 하는, 문과 이과 모두 정통한 남자를 지향하는 내 감성을 살려(?) 각 항목의 마지막에 그 내용을 간략히 간추린 시 '개복치 센류(에도 시대 중기에 하이쿠에서 파생된 5·7·5의 3구 17음으로 된 짧은 시로, 형식이 자유롭고 풍자나 익살이 특색이다.—옮긴이)(개복치가 대상이 아닌 시도 있음)'를 지어 담았으니 함께 즐겨주시면 기쁠 것 같다.

개복치라는 이름은 '개복치 *Mola* sp.B라는 어종(일본 수족관에서 볼 수 있는 종)의 이름'을 가리키는 경우와 '개복치 친척(개복치속 어류)의 총칭'을 가리키는 경우가 있는데, 일반적으로는 구별 없이 혼동해서 사용한다. 그래서 이 책에서는 종의 이름과 총칭을 구별하기 위해, 명확하게 종의 이름을 가리키는 경우에만 "개복치"라고 표기하고, 큰따옴표가 없는 개복치는 개복치속의 총칭으로 했다.

자, 베일에 가려진 개복치의 세계로 오신 여러분을 진심으로 환영한다! 지금부터 내 자유연구 결과를 여러분에게 발표하겠다.

개복치 도감

소개복치
Mola sp.A

복어목
개복치과
개복치속

튀어나왔다

- 332㎝
- 전 세계의 온대 및 열대 지역/
  홋카이도 이남
- 해파리류 등
- 머리와 아래턱 밑이 볼록 튀어나왔고 키지느러미
  끝트머리가 둥그스름하다.
- 2010년에 이름이 생긴 새로운 개복치 종류.
  저자도 이름을 지어준 사람 중 하나다.

튀어나왔다

키지느러미가
둥그스름하다

개복치
Mola sp.B

복어목
개복치과
개복치속

- 277㎝
- 전 세계의 온대 및 열대 지역/
  홋카이도 이남
- 갑각류, 작은 물고기, 해파리류 등
  머리와 아래턱 밑이 튀어나오지 않았고, 기지느러미
  끝트머리가 물결 모양이다.
- 일본의 수족관에서 볼 수 있는 종류.

키지느러미가
물결 모양이다

기호 표기

- 크기(총 길이. 일본에서의 기록)   ● 분포   ● 식성   형태   ● 기타

물개복치
Masturus lanceolatus

복어목
개복치과
물개복치속

아래턱이 살짝 돌출

● 220cm
● 전 세계의 온대 및 열대 지역/
아키타(秋田)현·미야기(宮城)현 이남
● 갑각류, 해파리류 등
○ 아래턱이 위턱보다 조금 더 튀어나왔고. 키지느러미의
일부분이 뾰족하다.
● 개복치속으로 착각하는 경우가 종종 있다. 키지느러미의
돌출부는 보통 짧지만, 드물게 긴 개체도 있다.

일부분이
뾰족
튀어나왔다

쐐기개복치
Ranzania laevis

복어목
개복치과
쐐기개복치속

머리 부분에
줄무늬

비스등한
키지느러미

● 56cm
● 전 세계의 온대 및 열대 지역/아키타현·이바라기현 이남
● 갑각류 등
머리 부분에 줄무늬가 있고 몸은 길고 가늘며 키지느러미가 비스등하다.
● 개복치과 중에서 가장 작은 종. 전체 높이(폭)보다 전체 길이가 더 길다.

빨간개복치
Lampris guttatus ※ 개복치와 혼동하기 쉬운 물고기 ※

꼬리지느러미

빨간개복치목   빨간개복치과
빨간개복치속

둥근 체형 때문에 개복치의 친척으로 흔히 오해하는데.
사실은 산갈치(*Regalecus glesne*)의 친척뻘.
빨간개복치에게는 꼬리지느러미와 배지느러미가 있다.

배지느러미

도감 일러스트: 사와이 에쓰로

개복치

1. "개복치"의 정면 얼굴

2. 귀중한 물개복치 수중 유영 사진

   소개복치

   "개복치"

3. 개복치와 함께 수영할 수 있는 하사마 수중공원 개복치랜드

4. 이와테현의 바다 위에서 낮잠을 자는 "개복치"

무엇이든 박물관

⑤ 이탈리아에서 어획하는 모습

⑥ 개복치속 신종인
후드윙커개복치 표본
(뉴질랜드 테파파
국립 박물관)

⑦ 이와테현에서 한
"개복치" 계측 조사

⑧ 대만에서의 조사 풍경(오른쪽이 서사)

9 아쿠아월드 이바라기현 오아라이 수족관의 전시

10 현미경으로 찾아낸 하트 모양 "개복치" 난세포. 포르말린으로 변형시킨 것인데, 이때 좀 흥분되었다.

11 빨간개복치는 개복치 종류가 아니다.

12 위에서 본 "개복치"의 비늘. 끝이 뾰족뾰족하다.

13 "개복치"의 난소 안

15 물개복치의 치어

14 "개복치"의 수정체

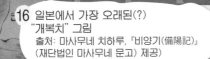

16 일본에서 가장 오래된(?) "개복치" 그림
출처: 마사무네 치하루, 『비양기(備陽記)』 (재단법인 마사무네 문고) 제공)

17
지방도로 기이나가시마 만보 (紀伊長島マンボウ) 휴게소에 있는 개복치 모양 풍향계

©2017 ANAN AND Tm.

일본에도 개복치 우표가 있었다! 사카나 군이 그린 우표 그림

1984년경 베트남 우표. "개복치"인 듯 보인다.

1981년 쿠바 우표. 왼쪽 아래에 적힌 PEZ LUNA는 스페인어명. 키지느러미에 있는 물결 모양을 볼 때 아마도 "개복치".

18 개복치 우표

수건
마우스패드
연구 성과를 담은 동인지
개복치류 건어물

19 저자가 직접 만든 개복치 굿즈!

개복치 무엇이든 박물관

요리편

1. 통신판매로 산 내장볶음 (부위: 소화기관). 식감이 쫄깃쫄깃하다.

2. 역시 통신판매로 산 튀김(사용 부위: 근육) 탄력이 있다.

3. 어부들만 아는 요리 '연골 된장조림'의 준비 단계와 며칠 숙성시킨 후 완성품

4. 저자가 고안한 '개복치 지느러미술'

5. 젤라틴질 피하 조직을 사용한 대만식 볶음요리

6. 젤라틴질 피하 조직을 사용한 대만식 샤브샤브

7. 지방도로 기이나가시마 만보 휴게소 노점상에서 파는 튀김과 꼬치구이

8. 대만 레스토랑 '삼국일(三國一)'에서 판매하는 젤라틴질 피하 조직으로 만든 아이스바. 얼린 나타드코코 같은 쫄깃쫄깃한 식감으로 감귤류의 맛과 어우러져 아주 맛있다.

표지와 차례면 일러스트: 쓰쿠노스케

1장.
개복치 완전 해부

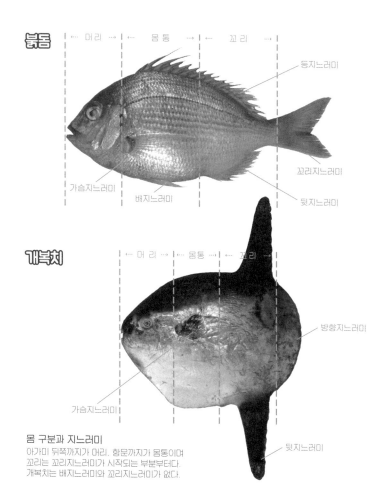

붉돔

머리 · 몸통 · 꼬리

등지느러미

꼬리지느러미

뒷지느러미

가슴지느러미   배지느러미

개복치

머리 · 몸통 · 꼬리

방향지느러미

가슴지느러미

뒷지느러미

몸 구분과 지느러미
아가미 뒤쪽까지가 머리, 항문까지가 몸통이며
꼬리는 꼬리지느러미가 시작되는 부분부터다.
개복치는 배지느러미와 꼬리지느러미가 없다.

1. 개복치가 물고기인 증거

개복치는 '물고기'다. 개복치를 아는 사람이라면 누구나 아무런 의심 없이 이 말이 당연하다고 생각할 것이다. 그런데 개복치가 물고기라는 사실은 어떻게 증명할 수 있을까? 먼저 개복치가 '물고기의 정의'에 들어맞는다는 것을 설명해야 한다.

일본의 국어사전인 『고지엔(広辞苑) 제6판』(2008, 岩波書店)에 실린 '어류'의 뜻풀이를 요약해보면 어류란 '척추동물이다', '물속에 살며 지느러미로 움직인다', '비늘이 있고 아가미 호흡을 한다', '무악류, 연골어류, 경골어류로 구성된다'라고 되어 있다.

척추동물은 등뼈(척추)가 있는 동물들을 말한다. 어류는 척추동물에 속하는데 크게 다음과 같은 세 그룹으로 구성된다. 무악류(칠성장어, 먹장어 등)는 턱이 없는 그룹, 연골어류(상어, 가오리 등)는 내골격이 뼈가 아닌 연골로 이루어진 그룹, 경골어류(우리가 평소에 자주 접하는 생선)는 내골격이 단단한 뼈로 되어 있는 그룹이다.

개복치는 척추동물이며 물에 살고 지느러미로 움직이고 비늘이 있고 아가미 호흡을 하고 경골어류에 속하므로 물고기가 맞다. 이로써 개복치가 물고기라는 사실은 증명되었다.

그런데 개복치는 다른 일반적인 물고기와 형태가 많이 다르다. 구체적으로 어떻게 다른지, 몸의 구조에 대해 더 자세히 살펴보자[1장에 나오는 해부학 용어는 기본적으로 『신어류해부도감(新魚類解剖図鑑)』(木村淸志 監修, 2010, 緑書房)을 참고했다].

2. 개복치의 형태

1) 몸과 지느러미

개복치와 다른 물고기(이하 경골어류)의 차이점을 알아보기 위해, 주변에서 쉽게 구할 수 있는 붉돔(도미 종류)을 일반 물고기 대표로 뽑았다. 그러면 우선 몸부터 구분해보자.

물고기의 몸은 크게 네 부위(머리, 몸통, 꼬리, 지느러미)로 나눌 수 있다. 머리는 아가미뚜껑 뒤쪽까지, 몸통은 항문까지, 꼬리는 꼬리지느러미가 시작되는 부분(꼬리지느러미를 구부렸을 때 힘줄이 생기는 부분)까지를 가리킨다. 몸의 구분은 개복치든 붉돔이든 똑같다(이 장 표지 사진).

하지만 지느러미를 살펴보면 개복치와 붉돔은 큰 차이점이 있다. 개복치는 가슴지느러미, 등지느러미, 뒷지느러미, 키지느러미를 지니고 있다. 반면 붉돔은 가슴지느러미, 등지느러미, 뒷지느러미, 배지느러미, 꼬리지느러미를 지니고 있다. 개복치에게는 붉돔에게 있는 배지느러미와 꼬리지느러미가 없는 대신 붉돔에게 없는 '키지느러미'가 있는 셈이다. 키지느러미는 언뜻 보면 꼬리지느러미처럼 보이지만, 사실은 성장 과정에서 등지느러미 일부와 뒷지느러미 일부가 변형되어 생겼다. 키지느러미는 방향지느러미라고 부르기도 한다.

개복치는 날 때부터 꼬리지느러미가 없기 때문에 키지느러미가 시작되는 지점부터를 꼬리 부분으로 본다. 꼬리지느러미

등지느러미

가슴지느러미

〔그림1-1〕 갈치는 등지느러미와 가슴지느러미만 있다

가 없는 물고기는 흔치 않은데, 우리가 잘 아는 물고기 중에서 예를 들면 갈치가 대표적이다. 갈치는 등지느러미와 가슴지느러미밖에 없어서 개복치보다도 지느러미가 더 적다(그림1-1).

지느러미를 확대해서 살펴보자. 물고기의 지느러미는 뼈대가 되는 기조(지느러미살)가 모여 형성된다. 기조에는 크게 두 종류가 있는데 손가락으로 만졌을 때 보드라운 것은 연조이고 단단한 것은 극조(가시)다.

일반적인 물고기의 지느러미는 이렇게 연조와 극조로 구성돼 있지만, 개복치의 지느러미는 연조만 있다(그림1-2).

 개복치의 지느러미는 연조뿐 꼬리지느러미는 없다네

붉돔

극조

연조

〔그림1-2〕 뒷지느러미 기조의 일부분을 확대한 사진

"개복치"

연조(일부)

토픽① 물고기 그림과 사진은 왜 늘 왼쪽 방향일까?

지금까지 개복치, 붉돔, 갈치 사진을 살펴보았다. 혹시 이 사진들을 보고 어떤 법칙을 눈치채지 않았는가?

사실 모든 사진은 머리가 왼쪽, 꼬리가 오른쪽, 즉 왼쪽 방향이다. 물고기는 원칙적으로 왼쪽 방향으로 사진을 찍거나 그림을 그려야 한다는 것이 어류 연구자들 사이에서 암묵적인 규칙이다.

이 왼쪽 방향 원칙은 어류 도감뿐 아니라 조류 도감 등에도 적용되며, 특히 일본에서 이런 경향이 강하게 나타난다. 하지만 오래된 도감이나 해외 도감 중에는 오른쪽 방향으로 통일한 것도 있고, 양쪽 방향이 섞여 있는 것도 있다.

왼쪽 방향 원칙에는 여러 가지 유래가 있는데 정확한 이유는 아직 밝혀지지 않았다. 몇 가지 문헌에서 찾아낸 설로는 '오른손잡이는 왼쪽부터 얼굴을 그리기 시작해 점점 오른쪽으로 그려나가는 게 훨씬 효율적이니까', '일본에서 생선 요리가 나올 때 보통 머리를 왼쪽에 두니까' 등이 있다.

유래는 정확하지 않다고 해도 지금은 머리가 왼쪽에 있는 사진과 그림이 완전히 정착되었기 때문에, 과학 잡지에 그림이나 사진을 실을 때 가능하면 이 원칙에 따르는 편이 좋다. 또 사진을 찍을 때는 자, 줄자 등 길이를 알 수 있는 것과 함께 찍으면 나중에 비율을 보고 다시 측정할 수 있어서 편리하다(그림1-3).

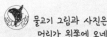
물고기 그림과 사진은 머리가 왼쪽에 오네

〔그림1-3〕 사진을 찍을 때 길이의 기준으로 늘 사용하는 10㎝×10㎝짜리 붉은 플라스틱판

2) 비늘

물고기 하면 가장 먼저 떠오르는 것은 아마도 비늘로 뒤덮여 있는 몸통일 텐데, 사실 비늘은 '피부'에 속한다. 물고기의 피부는 크게 둘로 분류할 수 있다. 바깥쪽은 '표피', 안쪽은 '진피'라고 하는데 비늘은 진피 세포로 되어 있다.

예컨대 장어는 몸이 미끈미끈해서 비늘이 없는 것 같지만 실은 표피가 두꺼워서 비늘이 파묻혀 있는 것뿐이다. 물론 갈치처럼 정말 비늘이 없는 물고기도 있다.

비늘은 어종에 따라 그 모양이 다양하다. 붉돔은 비늘 뒷부분에 작은 가시가 있는 '빗비늘'을 가지고 있다. 한편 개복치는 비늘이 없고 미끈미끈한 이미지가 있는데 실은 개복치에게도 비늘이 있다(그림1-4).

"개복치" 중에서 소형 개체는 비늘(압정 같은 원뿔 모양)을 만져도 별로 아무 느낌이 없지만 대형 개체의 비늘은 까끌까끌해서 만지면 아프다. 초등학교 미술 시간에 사포 대신 써도 될 것 같다.

한편 개복치는 일반적인 물고기와 달리 몸통의 비늘과 비

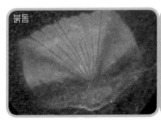

〔그림1-4〕 실체현미경으로 확대한 비늘. 붉돔 사진은 비늘을 한 장 떼어낸 것

[그림1-5] 가시복. 가시 모양으로 바뀐 비늘이 온몸을 뒤덮고 있다(왼쪽). 몸이 부풀어 오르면 가시가 뾰족 선다(오른쪽).

숫한 것이 지느러미를 뒤덮고 있다('몸통 비늘'과 '지느러미를 덮은 비늘 같은 것'은 언뜻 비슷해 보여도 형태가 조금 다르다). 그리고 개복치의 비늘보다 더 예리한 가시 모양으로 생긴 것이 바로 가시복의 변형된 비늘이다(그림1-5).

 개복치는 비늘이 까칠까칠 사포 같다네

3) 점액

물고기를 손으로 만지면 미끈미끈하다. 물고기의 표피에 점액 세포가 있는데 거기서 분비된 점액이 몸을 뒤덮고 있기 때문이다. 점액은 유영할 때 물의 마찰을 줄이고 표피 손상을 완화하는 작용을 한다.

[그림1-6] '개복치'의 점액(화살표)

개복치도 점액을 배출한다. 개복치 점액은 희뿌옇고 보면 바로 알 정도로 두껍고(그림1-6), 끈적끈적해서 손에 잘 달라붙는다. 냄새를 맡아보면 개복치 특유의 구린내가 나는데, 살아 있을 때보다 죽은 후에 냄새가 더 심해진다.

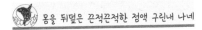
몸을 뒤덮은 끈적끈적한 점액 구린내 나네

4) 옆줄

물고기의 몸 표면을 자세히 관찰해 보면 작은 점이 줄을 이루고 있다(그림1-7). 이 점 중 하나를 핀셋으로 뽑아 현미경으로 확대하면 비늘에 구멍이 나 있는 것을 볼 수 있다. 이것은 '옆줄(측선)'이라는 감각기관으로, 물의 흐름 등을 파악하는 역할을 한다.

개복치는 2006년에 옆줄이 발견되기까지 오랜 기간 동안 옆줄이 없는 물고기로 알려져 있었다. 옆줄이 있다는 것은 개복치도 물의 흐름을 감지해 움직인다는 사실을 뜻한다.

개복치도 물의 흐름을 느끼는 옆줄이 있네

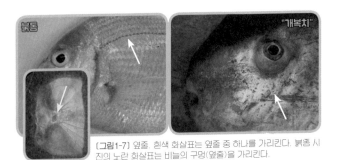
[그림1-7] 옆줄. 흰색 화살표는 옆줄 중 하나를 가리킨다. 붉돔 사진의 노란 화살표는 비늘의 구멍(옆줄)을 가리킨다.

5) 몸 색깔

물고기의 몸 색깔은 알록달록 화려한 것에서부터 소박한 색깔까지 아주 다양하다. 하지만 배는 하얀 물고기가 대부분이다. 바다 밑에서 수면을 올려다봤을 때 햇빛에 묻혀서 적이 잘 알아보지 못하게 하려는 '보호색'으로 보인다.

물고기의 색깔과 모양은 성장 과정, 생리, 죽음에 따라서도 달라진다(그림1-8). 또 번식기에 독특한 색깔과 모양으로 변하는 물고기도 있다.

그림을 그릴 때 보통 개복치를 파란색 계열로 색칠하곤 하는데, 사실 개복치는 파랗지 않다. 실제로는 수수한 빛깔(흰색, 회색, 검정 등)을 띤다. 수족관에서 볼 수 있는 개복치의 몸 색깔은 개인적인 생각으로는 흰색에 가까운 것 같다.

그리고 개복치도 몸 색깔과 모양을 바꾼다. 어떤 상황에서 몸빛이 달라지는지는 확실히 밝혀지지 않았지만, 하얗게 될 때도 있는가 하면 검게 변할 때도 있다. 검정 바탕에 흰색 반점 혹은 줄무늬 모양이 섞인 얼룩무늬가 생기기도 한다. 수족관

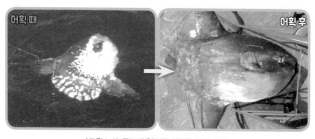

〔그림1-8〕 "개복치"의 몸 색깔과 모양 변화

사육사의 말에 따르면 흥분했을 때는 주로 얼룩무늬가 된다고
한다.

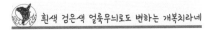 흰색 검은색 얼룩무늬로도 변하는 개복치라네

토픽② 물고기의 무늬와 방향

물고기의 무늬에 대해 조금 더 자세히 이야기하기 전에, 우선 물고기의 삼
차원적인 방향(앞뒤, 좌우, 위아래)을 개복치로 예를 들어 살펴보자.

물고기에게 '앞'은 입이 있는 쪽이고 '뒤'는 꼬리가 있는 쪽이다(그림
1-9). '위'에는 등이 있고, '아래'에는 배가 있다. 또 '왼쪽'은 등에서 봤을
때 체축(몸의 중심이 지나는 선)의 왼쪽이고, '오른쪽'은 등에서 봤을 때

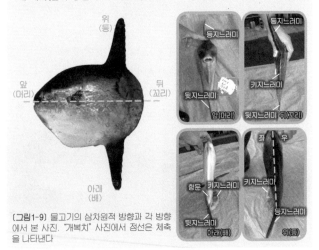

[그림1-9] 물고기의 삼차원적 방향과 각 방향
에서 본 사진. '개복치' 사진에서 점선은 체축
을 나타낸다

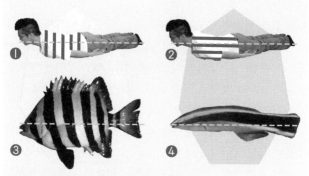

[그림1-10] 물고기의 가로 줄무늬와 세로 줄무늬. 점선은 체축을 의미한다. ①물고기 자세를 취했을 때 가로 줄무늬인 옷과 ②세로 줄무늬인 옷을 입은 저자. ③검은 가로 줄무늬인 돌돔과 ④검은 세로 줄무늬인 청줄청소노래기

체축의 오른쪽이다.

여기까지는 사람과 다를 바가 없지만, 무늬의 방향은 살짝 까다롭다.

사람은 머리가 위고 다리가 아래이니 체축은 땅에 수직(위아래) 방향이다. 반면 물고기는 머리가 앞이고 꼬리가 뒤로, 체축이 땅에 수평(좌우) 방향이다. 체축과 평행하는 방향이 '세로'이고, 체축과 수직인 방향이 '가로'이므로, 물고기는 겉으로 봤을 때와 무늬의 방향이 반대가 된다.

예컨대 돌돔은 겉으로 보기에는 세로 줄무늬 같지만 체축에 수직이므로 '가로 줄무늬'이고, 청줄청소노래기는 무늬가 체축과 평행하므로 '세로 줄무늬'라고 보아야 한다(그림1-10).

우리는 물고기와 체축 방향이 90도 정도 다르기 때문에 이해하기 어렵지만, 자리에 누워 물고기와 같은 체축 방향을 만들면 물고기의 가로 줄무늬와 세로 줄무늬의 의미를 이해할 수 있다.

사람과 물고기는 가로 세로 방향이 다르다네

6) 아가미

붉돔 등 일반적인 물고기의 아가미는 '단단한 아가미 뚜껑'으로 덮여 있고, 아가미구멍은 '가슴지느러미 앞에서 약간 아래 대각선 방향으로' 열려 있다. 반면 개복치의 아가미는 '보드라운 아가미막(새막)'으로 덮여 있고, 아가미구멍은 '둥글고 작은' 형태다(그림1-11).

수족관에서 개복치를 관찰해 보면 아가미구멍이 아가미막에 의해 열렸다 닫혔다 하는 모습을 볼 수 있다. 이 아가미구멍을 통해 물과 입에 들어갔던 불순물이 배출된다. 한편 '개복치는 아가미구멍으로 제트 분사하면서 앞으로 나아간다'는 속설

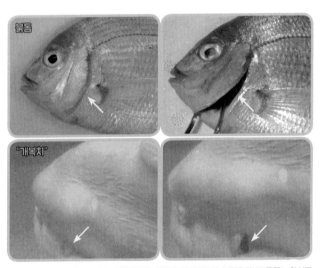

[그림1-11] 붉돔과 "개복치"의 아가미구멍. 닫혔을 때(왼쪽)와 열렸을 때(오른쪽). 회살표가 아가미구멍을 가리킨다.

이 있지만, 테일 제트 프로그피쉬(*Antennarius analis*, 뒷지느러미 뒤쪽에 있는 아가미구멍으로 제트 분사하듯 물을 내뿜으며 이동한다)와 달리 인정받지 못하고 있다(테일 제트 프로그피쉬는 국내에 알려지지 않은 종으로 생김새는 초롱아귀와 흡사하지만 씬벵이과로 다른 물고기다.—옮긴이).

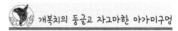
개복치의 둥글고 자그마한 아가미구멍

7) 눈과 눈꺼풀

물고기는 항상 눈을 뜨고 있는 것처럼 보이는데 그 이유는 물고기에게 눈꺼풀이 없기 때문이다. 원래 눈꺼풀의 주요 역할은 '눈이 마르는 것을 방지'하는 데 있으므로 물속에서 생활하는 물고기는 눈꺼풀이 필요 없다.

하지만 일부 물고기는 눈꺼풀과 비슷한 기관이 있다(적절한 명칭이 아직 없어서 이 책에서는 이 기관을 [눈꺼풀]로 표기했다). 물고기의 [눈꺼풀]은 육지동물의 눈꺼풀과는 종류가 다르다. 까치상어 등은 순막(눈동자를 보호하는 얇고 투명한 막), 숭어 등은 지검(기름눈꺼풀)이 눈을 덮어 보호한다.

사실 개복치도 [눈꺼풀]이 있다. 개복치는 다른 복어과 물고기들처럼 '마치 주머니 입구를 오므리듯 눈 주변 피부를 중앙으로 모아 눈을 감춘다'고 하는데, 내가 직접 관찰해보니 '눈 안쪽에 있는 하얀 피부를 뒤에서 앞으로 당겨와 눈을 감추고' 있었다(그림1-12). 특히 뒤쪽에 있는 피부가 잘 늘어난다.

한편 개복치는 일반적으로 자극을 받은 후에야 느릿느릿

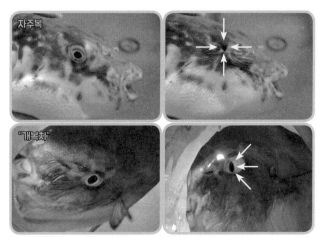

[그림1-12] 자주복과 "개복치"의 [눈꺼풀]. 눈을 뜨고 있을 때(왼쪽)와 눈을 감고 있을 때(오른쪽). 화살표처럼 자주복은 눈 주위 피부를 중앙으로 모아 눈을 감는다. 반면 "개복치"는 눈 안쪽 피부를 뒤에서 앞으로 당겨 눈을 감는다.

[눈꺼풀]이 눈을 덮는다(=감는다)고 한다. 하지만 이것 역시 내가 직접 관찰해보니, 눈에 손을 가까이 가져가거나 닿는 것을 미리 예상하고 자극을 받기도 전에 [눈꺼풀]이 눈을 덮었다.

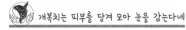

개복치는 피부를 당겨 모아 눈을 감는다네

8) 코

물고기의 코는 자세히 살피지 않으면 놓치기 쉬운데, 입과 눈 사이에 위치한다. 사람의 콧구멍은 좌우로 하나씩(총 2개) 있는 반면 물고기는 왼쪽과 오른쪽에 앞 콧구멍과 뒤 콧구멍이 각각 한 쌍씩(총 4개) 있다(그림1-13).

〔그림1-13〕 콧구멍

 개복치는 콧구멍 네 개가 눈앞에 있네

9) 입과 이빨

물고기의 입 모양 그리고 입이 어디까지 벌어지는지는 어종에
따라 다르다. 이를테면 붉돔은 입을 앞으로 쀠죽 내밀 수 있다
(그림1-14). 반면 개복치는 입 주변 피부가 두꺼워서 붉돔처럼
입을 내밀 수는 없지만, 위아래로 열었다 닫았다 할 수는 있다
(그림1-15). 그때 주로 아래턱을 위아래로 움직여 입을 열었다
닫는데, 위턱도 아래턱과 연동해서 조금 움직인다.

또 수족관에 가서 개복치를 관찰해 보면 입을 연 상태에서

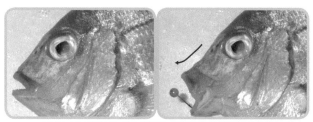

〔그림1-14〕 붉돔의 입. 평상시(왼쪽). 입을 크게 벌렸을 때(오른쪽)

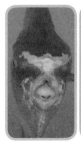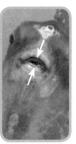

〔그림1-15〕 "개복치"의 입. 화살표는 턱의 움직임을 나타낸다. 왼쪽부터 순서대로 입을 연 상태에서 수지막이 생겼을 때, 입을 연 상태에서 수지막이 생기지 않았을 때, 입을 닫았을 때

하얀 혀처럼 생긴 것을 위아래로 열었다 닫았다 한다. 물고기는 혀를 사람처럼 유연하게 움직일 수 없기 때문에 이것은 혀가 아니다. 개복치의 이 부위를 수지막(水止膜)이라고 한다.

이어서 '이빨'. 이빨도 어종에 따라 형태가 다양하다. 예를 들어 붉돔은 뾰족뾰족한 작은 이빨이 빽빽하게 들어서 있다. 개복치는 턱뼈와 이빨이 붙어 있는데, 조류에 비유하면 앵무새, 파충류에 비유하면 바다거북처럼 부리 모양이다. 개복치의 턱 안쪽을 살펴보면 하나로 합쳐진 이빨들이 쭉 늘어서 있는 모습을 볼 수 있다(그림1-16).

 하나로 붙어 부리 모양이 된 개복치 이빨

10) 항문과 비뇨생식공

물고기의 뒷지느러미 앞에는 두 개의 구멍이 있다. 앞쪽 구멍은 '항문'이고, 뒤쪽 구멍은 '비뇨생식공'이다. 항문은 장과 이어져 있어 똥을 배출한다. 한편 비뇨생식공은 방광과 생식선과 이어져 있는데, 방광에서는 오줌이 나오고 생식선이 정소일 경

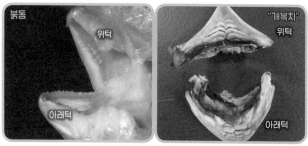

〔그림1-16〕 이빨. "개복치"의 이빨은 턱뼈와 붙어 있어서 밖에서는 보이지 않는다. 오른쪽 "개복치" 사진은 턱을 떼어내 말린 것. 화살표는 이빨 중 하나를 가리킨다.

〔그림1-17〕 항문과 비뇨생식공

우에는 정자, 생식선이 난소일 경우에는 알을 배출한다. 붉돔과 개복치 모두 같은 위치에 있다(그림1-17).

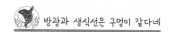
방광과 생식선은 구멍이 같다네

11) 골판

개복치는 다른 물고기에게는 없는 고유한 형태 형질이 있다. 개복치는 어느 정도 성장하면 키지느러미의 끄트머리(키지느러미 연조의 끝 부분)에 '골판'이라고 부르는, 둥글고(삼각형이라고 주장하는 사람도 있다) 딱딱한 뼈 같은 물질이 형성된다(그림

 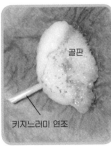

[그림1-18] "개복치"의 골판. 화살표는 골판의 위치를 가리킨다. 오른쪽 사진은 골판 중 하나를 떼어낸 것.

골판

키지느러미 연조

1-18). 골판이 어떤 기능을 하는지는 아직 밝혀지지 않았다.

 개복치의 골판은 정체를 알 수 없는 형질이라네

12) 띠

다른 물고기에게서는 찾아볼 수 없는 개복치 고유의 형태 형질이 또 하나 있다. 개복치의 몸통과 지느러미의 경계(등지느러미, 키지느러미, 뒷지느러미의 뿌리 부분 전체)에는 주름이 모여 있는 '띠 모양 부분(띠)'이 있다(그림1-19).

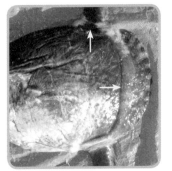

[그림1-19] "개복치"의 띠. 등지느러미, 키지느러미, 뒷지느러미의 뿌리 부분 전체에 형성되어 있다(화살표)

이 띠를 현미경으로 확대해 보니 다른 곳보다 비늘 크기가 작고 감촉도 매끈했다. 내 생각에 띠는 우리가 손목을 안쪽으로 꺾었을 때 생기는 주름에 해당하는 것 같다.

개복치는 지느러미를 움직이는 근육이 발달했는데, 일반적인 물고기처럼 지느러미를 접을 수는 없다. 지느러미를 활발하게 움직여 헤엄친 결과, 지느러미의 뿌리 부분이 강화되어 띠가 형성된 것이 아닐까 하고 추측해 본다.

 개복치의 지느러미 뿌리에는 띠가 있다네

3. 개복치 해부(내부 형태)

1) 내장

일반적인 물고기의 내장에는 아가미, 심장, 간, 콩팥, 비장, 위, 유문수(*pyloric caeum*, 소화기관 중 하나), 장, 쓸개, 생식선(난소, 정소), 방광, 부레 등이 포함되는데, 아가미와 심장을 제외한 나머지 내장은 늑골의 보호를 받고 있다. 내장기관의 각 부위를 설명하면 아가미 뒤쪽 아래에 심장이 있고, 아가미의 안쪽은 식도로 이어지며, 식도는 다시 위, 유문수, 장, 항문으로 연결된다.

노란 빛깔이 특징인 간은 위를 에워싸듯 주변에 있고, 간 가까이에는 황록색 쓸개가 붙어 있다. 위와 장의 경계선에 유문수가 있고 그 근처에 암적색 비장이 달려 있다.

내장 중에서 등과 가장 가까운 위치에 부레가 있고, 부레의 앞쪽에 암적색 콩팥이 한 쌍 있다. 부레의 뒤쪽 아래에 생식선과 방광이 있고 비뇨생식공으로 이어진다…이런 설명만으로는 그림이 잘 그려지지 않을 테니 실제 모습을 살펴보자.

붉돔의 해부 사진을 보면 내장이 대략 어떻게 생겼는지 알 수 있다(그림1-20).

붉돔 사진을 보면 지금까지 설명하지 않은 '지방체'가 있는데, 내장에 지방이 쌓여서 생기는 것이다.

이어서 개복치의 내장을 보자. 보통 물고기와 비교하면 개복치에게는 내장을 보호하는 늑골이 없고 유문수와 부레도 없다. 외부 형태와 마찬가지로 내부 형태도 일반적인 물고기보다 단순하다. 내부 형태를 좀 더 자세히 들여다보자.

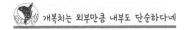
개복치는 외부만큼 내부도 단순하다네

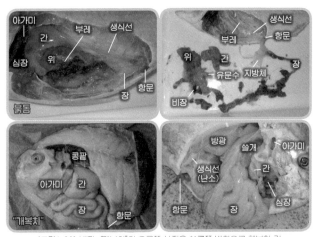

[그림1-20] 내장. "개복치"의 오른쪽 사진은 오른쪽 방향으로 해부한 것

2) 아가미

앞에서 외부 형태를 다룰 때 '아가미구멍'에 대해 이야기했었는데, 이번에는 그 내부에 주목하고자 한다. 일반적인 물고기의 아가미는 새파, 새궁, 새엽으로 구성된 것 네 쌍과 '위새'라고 하여 새엽만 있는 것으로 구성된 한 쌍까지 총 다섯 쌍의 아가미가 있다(그림1-21).

개복치의 아가미도 일반적인 물고기와 마찬가지로 위새를 포함해 총 다섯 쌍 있지만 붉돔과 비교하면 새궁의 크기가 작고 새엽이 훨씬 길다(그림1-22).

 개복치는 아가미가 다섯 개 얇고 길다네

〔그림1-21〕
붉돔의 아가미

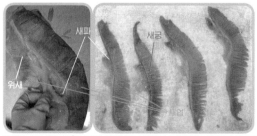

〔그림1-22〕 "개복치"의 아가미(오른쪽 사진의 네 아가미는 일자로 쭉 뻗어 있지만, 자연 상태에서는 좀 더 활 모양으로 휘어 있다).

3) 소화기관(위와 장)

물고기의 위와 장을 합해서 '소화기관'이라고 부른다. 물고기 중에는 위가 없는 어종(무위어)도 있다. 위가 있는 물고기는 통상적으로 장보다 위가 더 크고 두꺼워서, 위와 장의 경계가 뚜렷하다.

하지만 개복치는 물과 공기를 들이마셔 배를 부풀리는 팽창낭이 위에 없어서(즉, 위와 장이 비슷한 크기), 위와 장의 경계를 알아보기 어렵다. 개복치는 위가 없다고 생각하는 연구자도 있고 나 역시 아직 확실히는 몰라서 통상적으로 '소화기관'으로 다루고 있다.

[그림1-23] '개복치'의 소화기관. ①소화기관 주변 내장을 꺼낸 상태. ②총 길이 27cm인 개체의 소화기관을 바닥에 놓고 쭉 펼쳤더니 221cm나 되었다(①과 ②는 다른 개체).

그런데 개복치의 소화기관은 대부분이 장이고, 몇 겹으로 둘둘 감긴 상태로 배에 들어 있다. 장 주변 내장을 꺼내보면 위 사진과 같다(그림1-23).

개복치는 물고기 중에서도 장이 긴 부류에 속한다(일반적인 물고기는 장의 길이가 표준 몸 길이의 5배 이하). 실제로 얼마나 긴지 확인하기 위해 소화기관의 길이(인두 뒤쪽부터 항문까지)를 재보았다. 일례로 총 길이 27cm인 개체의 소화기관 길이는 무려 221cm나 되었다(총 길이의 약 8배).

 개복치는 물고기 중에서도 장이 길다네

토픽③ 물고기 계측

물고기에 따라 계측 방법은 다양하지만 공통 기준은 있다. 그중에서도 이미 등장한 바 있는 '총 길이'와 '몸 길이'는 물고기의 길이를 나타낼 때 무척 중요하다. 여기서는 『일본산어류검색 전어종동정(日本産魚類検索全種の同定) 제3판』(中坊徹次編, 2013, 東海大学出版会)의 기준에 따랐다.

　일반적으로 물고기의 총 길이는 '몸의 앞부분~꼬리지느러미를 중앙으로 모았을 때의 끄트머리까지의 길이'를 말하며, 몸 길이(표준 몸 길이)는 '위턱 앞부분~아래 꼬리뼈 뒷부분(꼬리지느러미를 굽혔을 때 생기는 주름)'까지를 말한다(그림1-24). 총 길이와 몸 길이는 같아 보여도 사실은 계측 부위가 약간 다른 셈이다.

〔그림1-24〕 물고기 계측. 일반적인 물고기는 꼬리지느러미를 중앙으로 모은 부분에서 총 길이를 잰다(붉은색 점선).

개복치도 총 길이는 다른 물고기와 거의 똑같이 '위턱 앞부분(=몸 앞부분)~키지느러미 뒤쪽까지의 길이'이다. 하지만 개복치에게는 아래 꼬리뼈가 없기 때문에 다른 일반 물고기처럼 몸 길이를 잴 수는 없다. 그래서 나는 대신 '띠 앞까지의 몸 길이' 다시 말해 위턱 앞부분~척추뼈 뒷부분(=띠 앞)까지의 길이를 계측한다. 일반적인 물고기의 몸 길이와 개복치의 띠 앞까지의 몸 길이는 엄밀히 말하면 다르지만, '위턱 앞부분에서 척추뼈 끝까지의 길이'라는 의미에서는 같다.

 개복치는 띠 앞까지의 길이가 몸 길이라네

4) 심장

물고기의 심장은 아가미 뒤쪽 아래에 위치한다. 그리고 심장은 흰색 동맥구, 암적색 심실, 암적색 심방으로 구성된다. 개복치의 심장역시 다른 어종과 마찬가지로 그세 가지로 되어 있다(그림1-25).

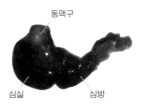

〔그림1-25〕 개복치'의 심장

 물고기 심장은 세 부위로 이루어졌다네

5) 이사

경골어류는 두개골 아래 부분에 '이석(耳石)'이라는 이름의 하얗고 단단한 돌이 있다. 물고기의 나이, 바다와 강을 왕복하는 회귀 이력 등을 알 수 있는 이석은 평형감각(몸의 균형)을 관장

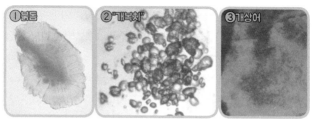

[그림1-26] 실체현미경으로 관찰한 이석과 이사. ①붉돔(경골어류)의 이석. ②"개복치"(경골어류)의 이사. ③개상어(연골어류)의 이사

하는 기관이다. 붉돔도 이석을 가지고 있다(그림1-26).

한편 개상어 등 연골어류는 이석 대신 '이사(耳砂, 평형사라고도 부른다)'를 가지고 있다. 개복치는 경골어류지만, 연골어류처럼 이사를 가지고 있다(엄밀히 말하면 연골어류의 이사와도 형태가 조금 다르다). 경골어류인데도 이사를 가진 물고기는 매우 드물다.

 개복치는 이석 대신 이사를 지녔다네

6) 뇌

물고기의 뇌는 어종에 따라 천차만별이다. 그중에서 개복치의 뇌는 아직 밝혀진 정보가 별로 없고 나 역시 자세히는 모르기 때문에 등 쪽에서 보이는 부위(종뇌, 시개, 소뇌, 연수)만 표시하였다(그림1-27).

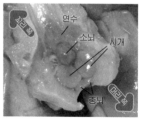

[그림1-27] "개복치"의 뇌

개복치는 '뇌가 작아서 지능이 낮다'라는 말이 있다. 그래서 실제로 총 길이 29cm(무게 1,010g)짜리 개체의 뇌 무게를 달아보았더니 0.24g이 나왔다. 요컨대 이 개체의 뇌는 몸무게의 0.02%밖에 되지 않는 셈이다. 일반적으로 물고기의 뇌 무게는 몸무게의 0.4% 전후이니, 개복치는 보통 물고기보다 뇌가 가벼운 편이다.

하지만 뇌의 크기(무게)와 지능은 별로 상관없다는 사실이 과학적으로 드러났기 때문에 개복치의 지능이 다른 물고기보다 낮다고 단언하기에는 무리가 있다.

 뇌 무게는 몸무게의 1퍼센트도 되지 않는다네

7) 젤라틴질 피하 조직

물고기의 피부는 '표피'와 '진피'로 나눌 수 있고, 비늘은 진피 세포로 이루어져 있다고 앞에서 이야기했다. 비늘(진피)과 근육 사이에는 콜라겐과 지방질 등도 층을 이루고 있는데, 일반적인 물고기는 그 층이 별로 두껍지 않다. 이번에 알아본 붉돔의 경우, 비늘과 근육 사이의 층은 사람으로 비유하면 손톱 두께 정도(1mm 이하)였다.

반면 개복치의 비늘과 근육 사이에는 다른 물고기보다 훨씬 두껍고 하얀 층이 있다. 코코넛 젤리인 나타드코코보다 조금 더 단단한 느낌인데, 부위에 따라 두께가 다르다. 예를 들어 사진에 소개된 부위는 두께가 4cm였다(그림1-28).

개복치를 만지면 까칠까칠한 비늘의 감촉과 더불어 단단함

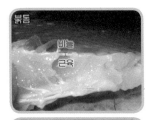

이 느껴지는데, 바로 두꺼운 조직 때문이다. 이 조직은 연골이나 지방과 착각하기 쉽지만 그게 아니라 콜라겐으로 되어 있다. 나는 이 두꺼운 콜라겐 조직이 젤라틴질로 보여서, '젤라틴질 피하 조직'이라고 부르고 있다.

엄밀히 말하면 젤라틴은 콜라겐을 열변성시켜서 추출한 것을 말하는데, 성분은 거의 같다. 내가 말하는 젤라틴질은 콜라겐을 열변성시켜 추출한 것이 아니

〔그림1-28〕비늘과 근육 사이의 층(붉은색 표시선). "개복치"는 젤라틴질 피하 조직이 발달했다.

라 '젤라틴질 상태'를 뜻한다. 개복치의 두꺼운 젤라틴질 피하 조직은 장수풍뎅이 등 곤충의 단단한 외골격처럼 몸을 보호하는 역할을 한다.

 개복치의 젤라틴질 띠하 조직은 아주 두껍네

8) 근육

물고기의 근육은 헤엄칠 때 '몸을 움직이는 근육'과 '지느러미를 움직이는 근육'으로 나눌 수 있다. 몸을 움직이는 근육에는 '체측근(體側筋)' 등이 있고, 지느러미를 움직이는 근육에는 '기립근(起立筋)', '하제근(下制筋)', '경사근(傾斜筋)' 등이 있다.

우리가 회로 먹는 물고기의 근육은 체측근이다. 체측근은

다시 크게 '보통근(普通筋)'과 암적색 '혈합근(血合筋)'으로 분류된다. 또, 보통근은 미오글로빈(Myoglobin, 헤모글로빈과 비슷한 붉은색 색소 단백질)을 많이 함유하여 살짝 붉은 '적색근'과 미오글로빈이 거의 없는 흰색 '백색근'으로 나뉜다.

다랑어나 참고등어는 적색근을 많이 가지고 있어서 '붉은살 생선', 농어나 광어는 백색근을 많이 가지고 있어서 '흰살 생선'이라고 부른다. 겉으로 봤을 때는 살이 흰색인 참고등어가 붉은살 생선에 들어가는 이유는 미오글로빈의 양이 많아서다. 붉돔과 개복치는 흰살 생선이다.

하지만 개복치는 두꺼운 젤라틴질 피하 조직이 온몸을 뒤덮고 있어서 다른 일반적인 물고기들처럼 몸을 마음껏 구부릴 수 없다. 그래서 체측근은 퇴화되어 거의 없다. 반면 지느러미를 움직이는 근육(특히 경사근)은 상당히 발달되어 있다. 경사근은 속칭 '지느러미 살' 혹은 '언저리 살'이라고 부르는데, 광어와 가자미의 지느러미 살은 무척 맛있다. 기름가자미(가자미과)와 개복치를 비교해보면 개복치의 근육은 '지느러미 살덩어리'라는 것을 알 수 있다(그림1-29).

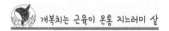

〔그림1-29〕 에워싼 부분이 지느러미 살

9) 인두치

앞서 외부 형태를 다룰 때 이빨에 대해 이야기했는데 사실 물고기는 목(인두)에도 이빨이 있다. 목에 난 이빨을 '인두치 (Pharyngeal teeth)' 혹은 '목니'라고 하며, 입으로 들어온 먹이를 잘게 찢어 씹거나 으깰 때 쓴다. 인두치는 목 위아래로 달려 있는데, 둘 중 하나가 퇴화한 물고기도 있다. 또, 인두치의 모양은 어종에 따라 다른데 붉돔은 가시 모양인 위쪽 인두치가 아래쪽 인두치보다 더 발달했고 한 쌍씩 세 줄로 늘어서 있다(그림1-30).

한편 개복치는 아래쪽 인두치가 거의 흔적만 남아 있어서 아직까지 제대로 확인하지 못했다. 개복치의 위쪽 인두치(한 쌍세 줄)는 붉돔과 비슷하지만, 가시 모양이 좀 더 길고 빗 모양처럼 생겼다.

물고기는 목 안에 이빨이 하나 더 있네

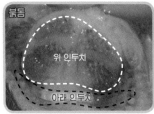
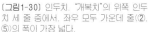
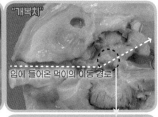

〔그림1-30〕 인두치. "개복치"의 위쪽 인두치 세 줄 중에서. 좌우 모두 가운데 줄(②. ⑤)의 폭이 가장 넓다.

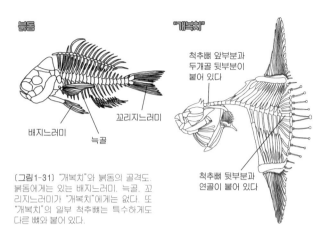

붉돔

"개복치"

척추뼈 앞부분과
두개골 뒷부분이
붙어 있다

배지느러미

늑골

꼬리지느러미

척추뼈 뒷부분과
연골이 붙어 있다

[그림1-31] "개복치"와 붉돔의 골격도.
붉돔에게는 있는 배지느러미, 늑골, 꼬
리지느러미가 "개복치"에게는 없다. 또
"개복치"의 일부 척추뼈는 특수하게도
다른 뼈와 붙어 있다.

※저자가 만든 골격 표본(제작 과정에서 뼈 몇 개가 빠짐)과 몇몇 문헌 속 골격도를 참조해 그렸기
때문에 실물과는 다소 차이가 있다.

10) 뼈

개복치는 골격도 일반적인 물고기와 많이 다르다. 붉돔과 개
복치의 골격도(이미지여서 실물과는 조금 차이가 있다)를 비교해
보면 개복치에게는 늑골, 배지느러미를 받쳐주는 요대(腰帶,
pelvic girdle), 꼬리지느러미를 받쳐주는 꼬리뼈 등이 없다(그림
1-31).

그리고 다른 많은 물고기는 척추뼈와 두개골이 분리되어
있지만, 개복치의 척추뼈는 특수해서 제1척추뼈의 앞부분과
두개골의 뒷부분이 붙어 있다. 또 개복치의 마지막 척추뼈의
뒷부분은 연골과 붙어 있는데 이 역시 특수한 경우다.

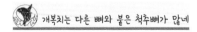

개복치는 다른 뼈와 붙은 척추뼈가 많네

11) 생식선

물고기의 생식선은 암컷은 난소, 수컷은 정소가 있다. 그중에는 암컷에서 수컷으로, 또 수컷에서 암컷으로 성전환하는 어종도 있다.

일반적으로 물고기의 생식선은 암수 모두 같은 형태(명태 알 같은 모양이 한 쌍)이다. 성숙한 개체

[그림1-32] "개복치"의 생식선. 공 모양인 난소(왼쪽). 명태 알 모양인 정소(오른쪽)

의 생식선에서 노란 알이 보이면 암컷이고, 희끄무레하고 알이 없으면 수컷으로 판단한다. 아직 미성숙한 개체는 생식선으로 암수를 구별하기 어렵다.

그런데 개복치는 미성숙한 개체라도 암컷과 수컷의 생식선 모양이 많이 달라 겉으로도 구분하기 쉽다. 내가 조사한 바로, 적어도 총 길이 $30cm$ 이상이면 생식선을 보고 암수를 구분할 수 있다. 수컷은 '가늘고 긴 막대기 형태의 정소를 한 쌍', 암컷은 '공 모양의 난소를 하나' 가지고 있다(그림1-32).

 개복치의 암수 생식선 모양은 다르다네

토픽④ 어느 쪽이 수컷이고 어느 쪽이 암컷일까?

지금까지 개복치와 다른 일반 물고기의 몸에 어떤 차이가 있는지 알아보았다. 그런데 개복치는 수컷과 암컷의 몸의 구조가 다를까?

먼저 사진을 살펴보자(그림1-33). 사진에 나온 두 마리의 개복치는 둘 다 총 길이 109cm이다. 겉으로 봤을 때 어떤 차이가 있는지 알겠는가?

아마 둘 다 똑같아 보일 것이다. 사실 나도 겉만 봐서는 개복치의 성별을 구별하지 못한다. 예전에는 문단(吻端, 위턱 부근)이나 키지느러미의 모양으로 암수를 구별할 수 있다는 연구 결과가 있었는데, 내가 그 방법을 재검토한 결과… 구별할 수 없다는 결론에 이르렀다.

물고기는 외관으로 암수를 구별할 수 없는 종도 많은데, 개복치를 사육하는 수족관 입장에서는 그러면 몹시 곤란하다. 개복치의 인공 번식에 도전해 보려고 해도, 겉모습으로 암수를 구별하지 못하면 애당초 암수 한 쌍을 만들 수 없기 때문이다.

생식선을 보면 바로 암수를 구별할 수 있겠지만, 헤엄치는 개복치를 어찌할 수도 없는 노릇이다. 그런저런 이유로 개복치 인공 번식은 아직 단 한 번도 성공한 사례가 없다.

〔그림1-33〕 같은 크기(총 길이 109cm)인 "개복치" 암컷과 수컷

만약 개복치 암수 구별법을 알아낸 사람이 있다면 나에게 몰래 귀띔해 주시기를.

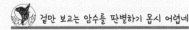

겉만 보고는 암수를 판별하기 몹시 어렵네

2장.
화석으로도 남아 있는
개복치의 친척들

분홍쥐치과(11속 23종)
Triacanthodidae

은비늘치과(4속 7종)
Triacanthidae

쥐치복과(12속 37종)
Balistidae

쥐치과(27속 102종)
Monacanthidae

육각복과(6속 13종)
Aracanidae

거북복과(5속 22종)
Ostraciidae

불뚝복과(1속 1종)
Triodontidae

참복과(27속 184종)
Tetraodontidae

가시복과(7속 18종)
Diodontidae

개복치과(3속 5종)
Molidae

복어목의 계통수. 계통 관계는 Arcila et al.(2015),
현생종의 수는 Matsuura(2015)를 참조했으며, 위에서부터 원시적인 과순으로 나열했다.
(일러스트: 사와이 에쓰로)

1. '개복치, 이것이 궁금하다' 설문조사

'개복치는 정말 물고기일까?' 하는 의제에서 출발해 이 책을 쓰기로 마음먹은 나는 '여러분이 알고 싶어 하는 개복치', '여러분이 이제껏 몰랐던 개복치'에 관한 지식을 주축으로 삼아 글을 써 내려가기로 했다.

그래서 우선 설문조사 웹사이트를 활용해 여러분이 개복치의 어떤 점을 궁금해하는지 알아보았다. 2015년 8월 12일부터 19일까지 일주일 동안 트위터를 통해 불특정다수를 대상으로 21가지 항목(복수 대답 가능)을 질문했고, 169건의 대답을 얻었다(그림2-1).

설문조사 결과, 가장 득표가 많았던 세 항목은 '형태·일반 물고기와의 차이'(110표), '성장 과정'(104표), '사인·도시전설·소문의 진상'과 '진화·계통'(각각 86표)이었다. 이 세 가지 항목에 초점을 맞추면 '형태', '성장 과정', '진화·계통'이라는 점을 봤을 때 여러분이 '개복치의 생김새'에 주로 흥미를 느낀다는 사실이 드러난다.

이처럼 다양한 정보 속에서 '대략적인 경향을 읽어내는 일'이야말로 연구의 첫걸음이다. 여러분이 개복치의 생김새에 흥미를 느낀다는 것을 알았기 때문에 1장에서는 개복치의 몸의 구조를 주제로 삼아 다뤄보았다. 그런데 개복치처럼 생긴 물고기는 한 종류만 있는 것이 아니다. 따라서 2장에서는 개복치의 친척들에 대해 살펴보기로 한다.

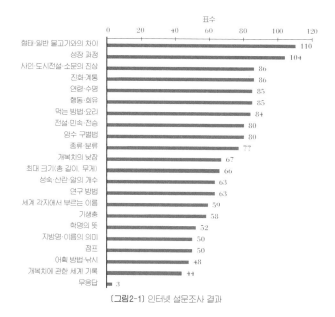

표수

형태·일반 물고기와의 차이	110
성장 과정	104
사인·도시전설·소문의 진상	86
진화·계통	86
연령·수명	85
행동·회유	85
먹는 방법·요리	84
전설·민속·전승	80
암수 구별법	80
종류·분류	77
개복치의 낮잠	67
최대 크기(총 길이, 무게)	66
성숙·산란·알의 개수	63
연구 방법	63
세계 각지에서 부르는 이름	59
기생충	58
학명의 뜻	52
지방명·이름의 의미	50
점프	50
어획 방법·낚시	48
개복치에 관한 세계 기록	44
무응답	3

〔그림2-1〕 인터넷 설문조사 결과

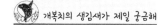

개복치의 생김새가 제일 궁금해

2. 종과 분류

개복치의 친척들을 소개하기 전에, 먼저 알아둬야 할 '생물 분류' 이야기부터 간단하게 해보자.

우리는 평소에 당연하다는 듯이 어떠한 대상에 이름을 붙인다. 이름이 없으면 대상을 구분 지을 수 없어 무척 불편하기 때문이다. 수많은 대상 중에서 종류가 다른 것을 구분하고 종

| 역 : 진핵생물역 |
| 계 : 동물계 |
| 문 : 척삭동물문 |
| 강 : 조기어강 |
| 목 : 복어목 |
| 과 : 개복치과 |
| 속 : 개복치속 |
| 종 : 개복치 |

[그림2-2] 분류 표기. 분류의 이미지화(위). "개복치"의 상위 단계(오른쪽)

류가 같은 것끼리 모아 정리하는 것을 '분류'라고 한다.

특히 생물은 분류가 정말 중요하다. 분류가 되어 있지 않으면 어떤 생물을 조사하고 있는지 알 수 없기 때문이다. 예를 들어 다른 종에 속하는 개와 고양이를 같은 종류에 포함시켜 정보를 모아봐야 아무런 의미가 없다.

생물 분류의 기본 단위는 '종'이다. 종이 모여 '속'이라는 그룹을 형성하고, 속이 모여 '과'라는 그룹을 형성한다(그림2-2). 과학 또는 생물 수업 때 '계문강목과속종'이라는 주문 같은 단어를 들어본 적 없는가? 이는 그룹이 큰 쪽부터 순서대로 나열한 분류 단위이다. 지금까지는 '계'가 가장 큰 분류 단위였는데, 최근 그보다 상위 분류 단위인 '역(domain)'이 생겼다.

예를 들어 "개복치"는 '진핵생물역 동물계 척삭동물문 조기어강 복어목 개복치과 개복치속 개복치'다. 참고로 아종, 족, 상과 등 더욱 세세한 분류 단위도 있지만, 너무 전문적인 내용이므로 여기서는 생략한다.

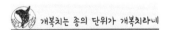

개복치는 종의 단위가 개복치라네

3. 국명과 학명

종과 분류를 다룬 김에, 생물 연구에서 절대 빼놓을 수 없는 이름의 중요한 역할이 무엇인지 조금만 더 들여다보자. 생물에 각 나라의 언어로 이름을 붙인 것을 '국명'이라고 한다.

국명은 크게 두 가지로 나눌 수 있는데, 전국 표준으로 쓰는 이름은 '표준 국명', 특정 지역에서 쓰는 이름은 '지방명'이다. 예를 들어 일본에서는 '만보(マンボウ)'가 개복치의 표준 국명이지만, 동북 지역 등에서는 '우키키(ウキキ)'라고 부른다(한국의 경우 표준 국명은 개복치이고 부산에서는 안진복, 포항에서는 고래복치라고 부르는 등 다양한 지방명이 있다.—옮긴이).

현재 쓰이는 표준 국명도 옛날에는 지방명에 속했지만, 넓게 보급되어 일반화되면서 전국 표준 명칭으로 채택된 것이다. 표준 국명은 도감 등에 활용되며, 특히 학술 분야에서는 일본의 경우 '가타카나' 표기가 원칙이다.

한편 영어로 개복치는 ocean sunfish('바다의 태양 물고기'라는 뜻. 바다에 떠서 일광욕하는 모습이 마치 하늘에 떠 있는 태양 같다고 해서 붙인 이름이다), 스페인어로는 pez luna('달 물고기'라는 뜻. 생김새가 달을 닮았기 때문)라고 한다. 하지만 영문명 중 sunfish는 블랙배스가 속한 과명이나 돌묵상어를 가리키기도 하므로 혼동하지 않도록 주의해야 한다. 영어처럼 전 세계에 보급된 언어도 있지만, 영문명이든 일본명이든 스페인명이든 기본적으로는 특정 지역에서 쓰는 이름일 뿐 세계 공통 명칭은 아니다.

그런데 이렇게 되면 같은 생물을 가리킬 때 각 나라의 이름을 일일이 기억해야 하니 힘들 것이다. 그래서 '학명'이라는 세계 공통 명칭을 만들었다. 학명은 반드시 하나의 종에 하나의 이름만 붙이는 것이 원칙이다. 종에 붙이는 학명을 '종명'이라고 하는데, 종명은 '속명'과 '종소명'으로 구성된다(속의 학명과 과의 학명 등 종보다 상위인 학명은 한 단어다).

종명은 사람 이름의 구조와 무척 비슷하다. 예를 들어 이름이 '야마다 타로'라면 성에 해당하는 야마다가 속명이고, 이름인 타로가 종소명이라고 생각하면 기억하기 쉽다(그림2-3).

〔그림2-3〕학명과 인명의 구조

개복치의 종명은 일반적으로 *Mola mola*(몰라몰라)라고 쓴다. 그리고 보통은 표준 국명과 학명을 결합해서 '개복치*Mola mola*'라고 표기한다. 이러한 학명의 구조를 '이명법(二名法)'이라고 하는데, 분류학의 아버지로 유명한 스웨덴의 식물학자 칼 폰 린네(Carl von Linne, 1707~1778)가 보급하였다. 개복치에 학명을 붙인 사람 역시 린네였다.

그런데 나는 머리말에서 개복치의 종명을 *Mola* sp. B라고 표기했다 그 이유에 대해서는 3장에서 상세히 소개하겠다.

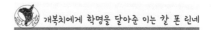

개복치에게 학명을 달아준 이는 칼 폰 린네

4. 현생종과 화석종

생물의 분류에 관해 어느 정도 예비지식을 익혔으니, 지금부터는 개복치의 친척들을 소개하겠다. 생물의 종수는 분류학 연구의 진전 상황에 따라 늘어날 수도 줄어들 수도 있기 때문에 안정을 유지하기란 무척 어렵다. 여기서는 2017년 4월을 기준으로 한 최신 정보를 다루었다.

개복치의 동류(친척들)를 구성하는 최대 분류 단위는 '개복치과'다(개복치아목이라고 생각하는 연구자도 있다). 개복치과는 크게 '현생종(현재도 존재하는 종)'과 '화석종(화석만 남고 멸종한 종)'으로 나누어진다.

현재 연구 중이어서 아직 모호한 종을 제외하면 개복치과의 현생종은 3속 5종, 화석종은 4속 7종으로 지금까지 적어도 총 5속 12종이 알려져 있다(그림2-4). 위의 목록을 보면 학명만 표기된 종이 있는 것을 알 수 있다. 이처럼 학명만 달린 종은

*Eomola*속	⌘ *Eomola bimaxillaria*
*Austromola*속	⌘ *Austromola angerhoferi*
쐐기개복치속	⌘ *Ranzania grahami*
	⌘ *Ranzania tenneyorum*
	⌘ *Ranzania zappai*
	⌘ *Ranzania orali* 지치부쐐기개복치
	Ranzania laevis 쐐기개복치
물개복치속	*Masturus lanceolatus* 물개복치
개복치속	⌘ *Mola pileata*
	Mola sp.A 소개복치
	Mola sp.B 개복치
	Mola sp.C C종

〔그림2-4〕 개복치과의 동류(현생종+화석종). ⌘=화석종

일본 등지에 분포하지 않는 외국종이다. 그러면 현생종부터 살펴보기로 하자.

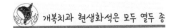 개복치과 현생화석은 모두 열두 종

5. 지금도 존재하는 종

1) 물개복치

개복치속에 관해서는 3장에서 자세히 다룰 예정이므로 여기서는 그 밖의 종을 간단히 소개해보겠다. 우선 물개복치. 물개복치는 물개복치속의 1속 1종이다.

물개복치속의 화석은 아직 발견되지 않았다. 이 종은 세계적으로 넓게 분포하는데, 따뜻한 바다를 좋아해서 일본에서는 별로 잡히지 않아 수족관에서 보기 어렵기 때문에(보면 행운!) 그만큼 인지도가 낮다. 겉으로 보면 개복치와 흡사해서 옛날에는 개복치속에 넣기도 했다.

물개복치는 키지느러미 가운데보다 살짝 등 쪽에 '창처럼 생긴 돌출부'가 있다. 이것은 다른 개복치과에서는 찾아볼 수 없는 독특한 특징이다.

물개복치의 키지느러미 돌출부는 약간 튀어나온 정도로 짧은 개체가 많지만, 돌출부가 몹시 긴 개체나 돌출부가 아예 없는 개체(개복치와 거의 똑같이 생겼다)도 드물게 있다(그림2-5).

옛날에는 돌출부가 긴 개체와 짧은 개체를 따로 분류해

물개복치

살짝
튀어나왔다

위턱보다 아래턱이
조금 더 돌출

〔그림2-5〕 물개복치

서, 물개복치라는 이름은 돌출부가 긴 개체에게 붙이고 돌출부가 짧은 개체는 고깔 모양이라는 뜻의 '톤가리(トンガリ)물개복치'(*Masturus oxyuropterus*)라는 이름을 붙였었다(이 기준이면 그림2-5는 톤가리물개복치가 되는 셈이다).

그러다가 물개복치와 톤가리물개복치는 '같은 종이지만 암수의 차이'가 아닐까 하고 생각하게 되었고, 현재는 물개복치 1종으로 통일하였다. 물개복치의 키지느러미 돌출부의 길이 차이가 정말 암수에 따른 것인지, 아니면 단순한 개체 변이인지, 혹은 전혀 다른 종인지 아직 분명하게는 밝혀지지 않았기 때문에 앞으로 내게 남은 연구과제 중 하나이다.

물개복치는 그밖에도 '아래턱이 위턱보다 조금 더 돌출됨', '키지느러미 끄트머리에 골판이 없음', '전체적인 몸이 개복치속보다 달걀 모양' 등의 특징을 통해, 다른 개복치과와 구별할 수 있다.

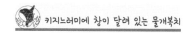

키지느러미에 창이 달려 있는 물개복치

2) 쐐기개복치

이어서 쐐기개복치다. 쐐기개복치도 쐐기개복치속의 1속 1종이다(그림2-6). 세계적으로 넓게 분포하고 있지만 어떤 해역을 좋

쐐기개복치

[그림2-6] 쐐기개복치의 입 주위를 해부한 모습(아래 왼쪽). 해부하기 전 정면에서 찍은 사진(아래 오른쪽). 화살표는 입술 안쪽 이빨을 가리킨다.

아하는지는 아직 밝혀지지 않았으며 일본에서는 잘 잡히지 않는다. 다만 무리 지어 다니는 특성이 있어서 잡힐 때는 한 번에 많이 잡힌다. 물개복치 이상으로 수족관 사육 기록이 없어서 인지도가 낮다.

개복치속과 물개복치속은 다 자라면 총 길이가 2m를 훌쩍 넘는 반면, 쐐기개복치는 다 커도 총 길이가 1m 이하인 소형종이다. 그리고 다른 두 속(개복치속, 물개복치속)과 달리 체고가 낮으며 총알 또는 로켓이 떠오르는 외형으로, 개복치과 중 '가장 원시적인 종'으로 짐작된다. 예컨대 다른 두 속보다 '골격이 전체적으로 훨씬 단단한 점'을 그 이유 중 하나로 들 수 있다. 또 '가슴지느러미가 길고 얇으며 끝이 뾰족함', '몸에 검은 점과 검은 테두리를 두른 흰색 줄무늬가 있음', '입술이 이빨보다 앞쪽으로 나와 있음' 등의 특징이 다른 두 속과 큰 차이점이다(그림2-6).

쐐기개복치는 정면에서 보면 입이 세로로 긴 것처럼 보여서 '척추동물 중 유일하게 입이 세로 방향(좌우)으로 닫힌다'고 말하기도 한다. 하지만 세로로 닫히는 것은 앞으로 나온 입술이지, 이빨(턱)은 우리 인간과 마찬가지로 입술 안에서 가로 방향(상하)으로 닫힌다.

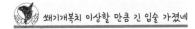

쐐기개복치 이상할 만큼 긴 입술 가졌네

6. 지금은 존재하지 않는 종

1) 화석으로만 알려진 두 속

개복치과의 화석종은 지금까지 7종류가 알려져 있는데, 여기서는 화석으로만 알려진 두 속을 집중적으로 살펴보겠다(정해진 명칭이 없어 학명 그대로 표기하였다).

첫 번째 속은 *Eomola*이다. *Eomola*는 개복치과 중 가장 오래된 화석종이다. 1속 1종이며 종에는 *Eomola bimaxillaria*라는 학명이 붙어 있다. 러시아 북코카서스 지방의 지층(약 4100만~3800만 년 전)에서 출토되었다.

일반적으로 지구상에 어류가 출현한 시기는 고생대 오르도비스기(약 4억 8500만~4억 4300만 년 전)로 보고 있는데, 개복치과 어류가 언제부터 역사에 등장했는지는 아직 분명하지 않지만 아마도 물고기 중에서는 새로운 쪽에 속할 것이다. 지금까지 출토된 화석은 위턱뼈뿐이었다.

또 다른 속은 *Austromola*이다. 역시 1속 1종이며, 종에는 *Austromola angerhoferi*라는 학명이 붙어 있다. 오스트리아 퍼킹 지방의 지층(약 2300만~2200만 년 전)에서 출토되었다. 지금까지 발견된 개복치과 중 가장 큰 화석으로, 복원한 총 길이가 3.2m로 추정한다. 몸 앞쪽 일부를 제외한 거의 모든 골격이 화석으로 출토되었다. 화석종은 앞으로도 계속 발견될 가능성이 있다.

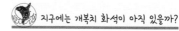
지구에는 개복치 화석이 아직 있을까?

2) 일본에서만 발견된 화석종 지치부쐐기개복치

화석종은 발굴 사례가 적어서 그만큼 정보도 많지 않지만, 또한 종을 소개해보겠다. 사실 일본에는 세계에 단 한 사례만 확인된 개복치 종류의 화석이 있다.

그 종은 이미 멸종된 것으로 보이며, 사이타마현 지치부 분지(히라니타 층)에서 출토되어 '지치부쐐기개복치'라는 이름이 붙었다. 히라니타(平仁田) 층의 지질연대는 마이오세(약 1500만 년 전)이다. 지치부쐐기개복치의 학명은 *Ranzania ogaii*이며, 종소명은 화석 발굴자인 오가이 기요히코(尾ヶ井清彦) 씨의 이름에서 따왔다.

지치부쐐기개복치를 복원한 총 길이는 약 20*cm*로 추정되며, 현생 쐐기개복치의 형태와 비교하면 비늘 모양이 조금 다른 것이 특징이다. 화석의 복제품은 사이타마현립 자연박물관에 전시되어 있는데, 분류 형질인 비늘까지는 복제되지 못했다.

전 세계에 단 하나뿐인 지치부쐐기개복치 화석. 발굴 현장에 가면 두 번째 사례가 될 화석을 찾아낼 수 있을지도 모른다. 그렇게 생각한 나는 논문 속 지도에 의지해 발굴 현장을 찾아간 적이 있다. 하지만 풀이 무성하고 강을 낀 벼랑 밑에 있어서 아무래도 위험하다고 판단하고 같은 장소에서 발굴하기를 포기할 수밖에 없었다. 아쉬운 마음에 지층이 노출된 그 근처 장소에서 일단 발굴을 시도해 보았으나, 아쉽게도 '초심자의 행운(beginner's luck)'은 나를 찾아오지 않았디.

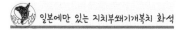

일본에만 있는 지치부쐐기개복치 화석

7. 개복치는 복어의 친척

지금까지 개복치의 친척들을 알아보았다. 그런데 개복치는 누구의 친척인지 궁금하지 않은가? 사실 '쐐기개복치'의 일본명에 큰 힌트가 있다.

쐐기개복치는 일본어로 '구사비후구(クサビフグ)'라고 한다. 여기서 후구는 '복어'를 뜻한다. 왜 쐐기개복치의 일본명에 복어를 뜻하는 단어가 붙었을까? 그것은 개복치류가 복어의 친척에 해당하는 것과 큰 연관이 있다. 개복치과는 복어목에 속하며, 2014년까지 확인된 복어목 어류는 10과 103속 412종이다. 참고로 일본산 어류는 4,210종(2013년 기준), 전 세계의 어류는 약 3만 2,000종(2016년 기준)이다(국립생물자원관 한반도의 생물다양성 홈페이지에 따르면 한반도의 어류는 2016년 기준 1,272종이다.—옮긴이).

몇 가지 예외도 있지만 복어목의 공통 특징으로 '척추뼈 개수가 적음(20개 전후)', '뒷지느러미 가시가 없음', '배지느러미가 퇴축됨', '아가미구멍이 작음', '늑골이 없음', '꼬리지느러미 기조가 적음(12개 이하)' 등을 들 수 있는데, 이러한 것들은 모두 개복치과의 특징과도 일치한다. 복어목은 일반 어류보다 몸이 단순화·간략화된 것이다. 한편 복어목은 일반적인 물고기의 형태에서 다양한 형태로 특수화(진화)된 그룹이기도 하다.

개복치과는 복어목 중에서도 특이한데, 이를테면 키지느러미는 개복치과에만 공통된 특징이다. 개복치류는 물고기도감의 끝 부분쯤 실리는 경우가 많은데 이는 원시적인 물고기에서 파생적(진화적) 물고기 순서로 내용이 배치되기 때문이다.

 개복치는 복어의 친척이며 파생적이네

8. 복어는 어떻게 개복치로
   진화했을까?

그렇다면 과연 어떤 물고기가 진화해서 지금의 개복치가 되었을까? 이를 알려면 우선 개복치가 복어목 중에서 어떤 물고기와 계통 관계가 가까운지 분명히 밝힐 필요가 있다.

　계통이란 이해하기 쉽게 바꿔 말하면 핏줄, 즉 '공통 선조에서 진화해 온 과정'을 의미한다. 계통 관계가 가깝다는 것은 지금은 다른 물고기로 진화했지만 과거를 거슬러 올라가면 같은 선조에 도달한다는 뜻이다. 분류는 단순히 '같은 그룹에 속하는 것'뿐이지만, 계통은 그 '분류된 그룹'을 진화된(시간적) 순서로 나열'해야 한다. 계통 관계가 점점 덩치를 키우면 나무처럼 보인다고 해서, 계통 관계를 나타낸 그림을 '계통수'라고 부른다(이 장 표지 사진 참조).

　그러면 개복치는 어떤 물고기와 계통 관계가 가까울까? 사실 개복치과가 복어목 중에서 어떤 계통적 위치에 있는지는 아직 정확히 모른다. 다른 복어에서 개복치로 진화하는 중간 단계의 화석이 발견되지 않았기 때문이다. 또 형태(근육, 치어, 뼈)나 유전자(미토콘드리아 DNA, 핵 DNA)를 통해 복어목 내의 계통 관계를 추정한 연구는 여럿 있지만, 각 연구에 사용하는 형질에 따라 개복치과와 가까운 물고기가 달라지기 때문에 개복치과가 어떤 물고기에서 진화했는지는 아직 알 수 없다.

2015년 시점의 연구 결과로 개복치과와 가장 가까운 그룹은 가시복과+복어과이며, 분기연대는 8000만 년 전쯤으로 추정한다. 가시복과+복어과는 지금까지 해온 연구에서도 개복치과의 자매군(계통이 가까운 그룹)으로 수차례 추정되었기 때문에 아마도 장차 이 두 종류가 개복치과의 자매군으로 확정되지 않을까 하고 예상해본다.

흥미롭게도 생물의 형태에 관한 숫자적 연구를 했던 스코틀랜드의 달시 톰슨(D'Arcy Wentworth Thompson, 1860~1948)은 지금으로부터 100년 전에 쓴 『생물의 형태(*On Growth and Form*)』(1917, Cambridge University Press)라는 책에서 가시복을 변형시키면 개복치의 모습이 된다는 내용의 그림을 그렸다(그림2-7). 어쩌면 그 그림은 개복치가 가시복 형태인 선조로부터 진화했다는 것이 미래에 밝혀지게 된다는 예언일지도 모른다.

참고로 '진화'라고 하면 '포켓몬스터' 등 게임을 떠올리는 사람도 많을 텐데, 진화란 몇 세대나 걸쳐 오랜 세월 동안 서서히 형태가 바뀌는 것을 말한다. 게임에서 말하는 '진화'는 동일개체의 형태 변화이므로

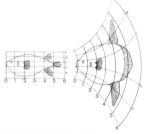

[그림2-7] '가시복을 변형시키면 개복치의 모습이 된다'는 그림. 달시 톰슨 『생물의 형태』 중.

정확하게는 '성장(혹은 변태)'이라고 표현하는 것이 옳다.

그리고 보니 포켓몬 중에 '맘복치'라는 캐릭터도 있다.

 개복치의 진화 전 모습은 여전히 수수께끼

토픽⑤ 오키나와에 있는 붉은 개복치란?

내가 연구를 시작하기 전, 한 선배가 "오키나와에는 붉은 개복치가 있어." 하고 나를 놀린 적이 있었다. 실제로 '빨간개복치(붉평치)'라는 이름의 물고기가 있었던 것이다.

빨간개복치는 이름도 모양도 개복치와 흡사해서 개복치의 친척으로 생각하는 사람이 많은데, 사실은 '목(目)' 단계에서부터 다른 전혀 별개의 물고기이다. 빨간개복치는 이악어목(Lampridiformes)에 속해서, 복어목인 개복치류와는 계통이 멀다. 결정적으로 빨간개복치에게는 개복치에게 없는 꼬리지느러미와 배지느러미가 있는 것이 차이점이다(권두의 개복치 도감 참조).

 빨간개복치는 개복치와 전혀 다른 별개의 물고기

3장.
소개복치의 수수께끼

'소개복치'라는 이름이 일본 전국에 퍼진 계기가 된 대형 개체. 2014년 8월 홋카이도.

1. 내 오랜 개복치 사랑

2장에서 '개복치속에 관해서는 3장에서 자세히 알아보자'며 보류했었다. 지금부터 2장에서 미뤄두었던 개복치속의 친척에 대해 이야기해보겠다.

개복치속의 친척에 관한 이야기는 내가 지금까지 해온 연구와도 큰 관계가 있다. 그래서 내가 개복치 연구를 시작한 이유부터 살짝 소개해볼까 한다.

내가 언제부터 개복치를 좋아하게 되었는지는 잘 기억나지 않는데 아마도 유치원 때 아니면 적어도 초등학교 시절에는 이미 개복치를 좋아했다. 특히 1995년 닌텐도에서 발매한 게임 "별의 커비 2"에 등장하는 캐릭터 '카인'에 푹 빠져서(그림3-1), 어릴 때는 카인을 닮은 개복치 그림을 즐겨 그렸던 기억이 난다. 그 정도로 나는 뼛속부터 개복치 마니아다.

어릴 때부터 개복치와 관련된 일을 하고 싶다고 생각했었는데…정신을 차리고 보니 어느새 개복치 박사가 되어 있었다.

[그림3-1] 카인 ©1995
HAL Laboratory. Inc/ Nintendo

하지만 꾸준히 개복치를 좋아했느냐고 묻는다면 사실 그건 아니고, 중고등학교 시절에는 개복치라는 단어 자체를 잊어버린 채 하루하루를 보냈다. 그런 내게 '역시 개복치가 좋아!' 하고 깨닫게 되는 전환기가 두 번 찾아온다.

첫 번째 전환기는 대학교 진학

에 대해 고민하던 고등학교 3학년 때고, 두 번째 전환기는 취업에 대해 고민하던 대학교 4학년 때다. 그때마다 내면에서 뭔가가 불쑥불쑥 치솟아 나를 쿡쿡 찔러댔기 때문에 결국에는 개복치 연구의 길을 선택했던 것이다. 그리하여 '소개복치'라는, 지금까지 일본에 알려지지 않았던 개복치속 종을 세상에 알리고 그 생태를 아주 조금이나마 해명하는 데 성공했다.

방금 이 글을 읽고 소개복치라는 이름을 처음 안 사람도 있을지 모르겠다.

소개복치란 어떤 물고기일까? 우선 개복치속 분류의 역사부터 짚어보자.

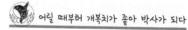
어릴 때부터 개복치가 좋아 박사가 되다

2. 분류의 세계 기준

개복치속 어류는 아주 옛날부터 알려져 있었는데, 생김새가 독특해서 주목을 모으기 쉽고 요즘처럼 정보 교환이 빨리 이루어지지 못한 부분도 있어서 과거에는 세계 각지에서 연구자들이 "신종이다, 신종이야!" 하고 학명을 마구 붙였다. 그 결과 개복치속은 33종이 넘게 되었다.

이 33종을 표본 형태 조사와 구체적인 문헌 조사를 바탕으로 다시 정리한 사람은 영국의 어류학자 알렉 프레드릭 프레이저브루너(Alec Frederick Fraser-Brunner, 1906~1986)다. 그는 개복치과 전체의 학명을 손보았는데, 이는 현재까지 개복치과 분류의 세계적 기준이 되고 있다.

프레이저브루너는 1951년, 과거에 기재되었던 33종의 개복치속을 2종(*Mola mola, Mola ramsayi*)으로 줄인 논문을 발표했다. *Mola mola*는 전 세계에 분포하므로 일본에 출현하는 종은 여기에 속한다고 보고 "개복치"(マンボウ, 만보)라는 이름을 붙였다. 한편 남태평양에만 분포하는 것으로 확인된 *Mola ramsayi*는 4년 후 교토 대학의 마쓰바라 기요마쓰(松原喜代松, 1907~1968) 교수가 유형 표본(그 종의 세계 기준 표본) 산지가 호주여서 남방개복치(ゴウシュウマンボウ, 고슈만보)라고 명명했다.

한편 프레이저브루너는 여섯 개의 형태적 특징(골판의 개수, 키지느러미 연조의 개수, 골판의 폭과 골판 사이의 폭 중 어느 쪽이 더

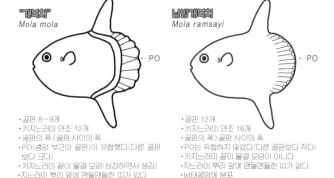

"개복치"
Mola mola

- 골판 8~9개
- 키지느러미 연조 12개
- 골판의 폭〈골판 사이의 폭
- PO(중앙 부근의 골판)이 유합했다(다른 골판보다 크다)
- 키지느러미 끝이 물결 모양(싱강하면서 생김)
- 지느러미 뿌리 앞에 맨들맨들한 띠가 있다
- 전 세계에 분포(일본에도)

남방개복치
Mola ramsayi

- 골판 12개
- 키지느러미 연조 16개
- 골판의 폭〉골판 사이의 폭
- PO는 유합하지 않았다(다른 골판보다 작다)
- 키지느러미 끝이 물결 모양이 아니다
- 지느러미 뿌리 앞에 맨들맨들한 띠가 없다
- 남태평양에 분포

〔그림3-2〕 프레이저브루너가 인정한 개복치속 2종의 이미지

넓은가, 키지느러미의 가운데 부근에 있는 골판끼리 유합했는가, 키지느러미 끄트머리가 물결 모양인가 아닌가, 지느러미 뿌리 부분에 띠가 있는가 등)을 통해 "개복치"와 남방개복치를 식별할 수 있다고 주장했다(그림3-2). 이 두 종을 식별하는 방법은 널리 받아들여졌고, 현재도 사용되고 있다.

남방개복치는 남태평양에만 있다고 보아서 일본 근해에 출현하는 개복치속은 오랜 기간 동안 무조건 "개복치"로 동정(종을 특정하는 것)되어 왔다.

하지만 최근, 종을 동정하는 새로운 방법이 개발되면서 상황이 급변했다.

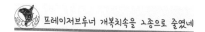

프레이저브루너 개복치속을 2종으로 줄였네

3. 어려운 개복치 연구

"개복치의 생태에는 아직 밝혀지지 않은 수수께끼가 많다"고 들 말한다. 왜 그럴까? 답은 간단하다. 연구하기 어렵기 때문이다. 가장 큰 이유는 '거대한 몸' 때문이다. 개복치는 총 길이가 $3m$ 이상, 몸무게는 $2t$이 넘는 것도 있다. 그리고 샘플링(표본 채집)을 하려면 어부의 협조가 반드시 필요하다. 또 채집한 표본을 옮기려면 트럭이, 표본을 보존하려면 넓고 큰 공간이 있어야 하는데, 사실상 거대한 개복치를 통째로 보관할 수 있는 시설은 없다고 봐야 하리라.

이렇게 개복치를 보관해 두고 천천히 조사할 수 없다면 잡은 현장에서 곧바로 정보를 구할 수밖에 없다. 하지만 고기잡이 현장은 정신없이 바쁘기 때문에, 어부에게 방해되지 않도록 조심해야 한다. 그러다 보니 현장에서 할 수 있는 일은 한정적이다.

두 번째 이유로는 '광역 분포'를 들 수 있다. 개복치는 전 세계에 널리 분포하기 때문에 생태를 해명하려면 어느 지역의 어떤 시기에 어떤 개복치가 있는지 미리 알아야 한다. 전 세계에서 표본을 모으려면 시간과 돈이 많이 든다. 게다가 개복치 어획이 법으로 금지된 지역도 있고, 그와 관련하여 개복치의 출현을 예측할 수 없는 지역도 있다.

세 번째 이유로는 '형태 변이'가 있다. 개복치의 친척은 서로 생김새가 비슷해서 복수의 종이 동종으로 혼동되기 쉽다. 또 성장하면서 점차 형태가 변하므로 종마다 성숙 단계에 따른 특징을 정확하게 파악해야 할 필요도 있다.

개복치의 치어는 성어와 생김새가 판이하게 달라 과거에는 전혀 다른 종이라고 여겨지기도 했다. 게다가 암수는 외관상으로 구분할 수 없다. 형태의 변이를 정확하게 파악하지 못하면 생태 연구의 기본인 '종의 동정'조차 불가능해지는 문제에 부딪히고 만다.

이처럼 개복치의 생태 연구는 도저히 혼자서는 할 수 없다. 연구하려면 많은 사람의 협조가 필요하다. '샘플을 구하는 것 자체가 어렵다'는 문제가 있기 때문에 그동안 개복치의 본격적인 생태 연구는 거의 진행되지 않았었다. 그러다가 2000년대에 들어와서 지금까지의 정체된 상황을 타파하는 새로운 연구 방법이 몇 가지 등장했다. 나는 그중에서도 'DNA 분석'과 '바이오로깅'이 개복치의 생태를 해명하는 데 큰 공헌을 했다고 생각한다.

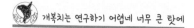

개복치는 연구하기 어렵네 너무 큰 탓에

4. 히로시마 대학 초대 개복치 연구자의 시대

1) 모든 것의 시작

때는 2002년. 훗날 내가 연구를 이어받게 되는, 초대 개복치 연구자가 히로시마 대학에 있었다. 그는 바로 사가라 고타로(相良恒太郎) 씨. 사가라 씨는 가고시마 대학에서 졸업 연구 과제로 1년 동안 개복치를 연구했다. 하지만 대학원 석사 과정 때는 바다에 들어가 물고기를 관찰하는 연구를 하고 싶다며, 잠수 관찰 연구가 활발한 히로시마 대학으로 진학했다.

그런데 다이빙 강습 회식 자리에서 "그러지 말고 개복치 연구를 계속하지 그래." 하고 다이빙 강사가 강력하게 권하는 바람에 결국 그대로 개복치 연구를 이어가게 되었다. 연구자가 연구를 시작하는 계기란 이렇게 즉흥적인 분위기와 흥에 따르는 경우가 많다.

사가라 씨의 졸업 연구는 '설문조사를 활용한 일본 각지의 개복치 어획량 조사'였다. 하지만 대학원에서는 본격적인 개복치 생태 연구로 흘러가게 되었고, 우선 '어떤 연구가 가능한지' 고민하는 부분에서 출발했다.

사가라 씨는 일단 개복치 실물을 관찰한 다음에 생각하자며, 오이타현의 마린컬처센터에서 한 달 가까이 연구의 방향성을 모색했다. 오이타현 마린컬처센터는 세계적으로도 드물게, 겨울부터 초여름까지 일정 기간 동안 인근 바다에서 어획한 개복치를 사육하는 시설이다(바닷물 온도가 높아지는 초여름이 되면 개복치를 바다로 돌려보낸다).

이런저런 시행착오와 모색을 거친 결과 'DNA를 분석해 회유 생태를 탐구하는 연구라면 가능할지도 모른다'라는 쪽으로 방향을 잡았고, 사가라 씨는 일본 각지에 출현하는 개복치속의 유전적 유연관계(유전자의 계통 관계)를 조사하게 되었다.

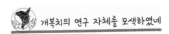 개복치의 연구 자체를 모색하였네

2) DNA 분석이 시작된 시대

사가라 씨의 연구를 한마디로 요약하면 '일본 각지에 출현하는 개복치가 정말 한 종인지 DNA 분석을 통해 알아본다'는 내용이었다. 사가라 씨는 졸업 연구로 지역에 따라 개복치의 어획 시기가 달라진다는 사실은 알아냈지만, 한 종이 계절 변화에 따라 회유하는 것인지 아니면 여러 종이 특정 시기에 특정 지역에서 회유하는 것인지까지는 알지 못했던 것이다. 그래서 개복치의 회유 생태를 DNA로 알아내려고 생각했다.

DNA 분석의 이점은 어류를 통째로 입수할 필요 없이, 손톱 크기 정도의 DNA 샘플(조직 파편)만 구하면 되기 때문에, 몸집이 거대한 생물이어도 보존 장소를 찾느라 전전긍긍할 일이 없다. 샘플링에 드는 노력을 상당히 줄일 수 있는 셈이다.

DNA란 유전 정보를 담은 물질로 아데닌(A), 티민(T), 사이토신(C), 구아닌(G)이라는 네 종류의 '염기'가 서로 결합하여 생성된다. DNA 분석의 장점은 이 염기 나열법을 분석하면 형태상 식별이 어려운 종이라도 더욱 명확하게 종을 식별할 수 있다는 데 있다.

동물의 세포에는 두 개의 DNA(핵 DNA, 미토콘드리아 DNA)가 있다. 그중에서 사가라 씨가 연구한 것은 미토콘드리아 DNA다. 미토콘드리아 DNA는 핵 DNA보다 진화 속도가 빠르고 세포 내 복제가 많아 비교하고 싶은 유전자를 쉽게 늘릴 수 있기 때문에, 다양한 생물의 유전적 유연관계를 조사하는 연구에 잘 쓰인다.

사가라 씨가 연구를 시작한 시기도 절묘했다. 마침 그 무렵, 도쿄 대학에서는 야마노우에 유스케(山野上祐介) 씨가 박사 학위를 받기 위해 복어목 어류의 유전적 유연관계를 연구하고 있었다. 이때 야마노우에 씨가 쓴 논문은 '개복치과를 대표하는 3속 각종의 미토콘드리아 DNA 전체의 배열을 전부 분석했다'는 내용인데, 사가라 씨는 야마노우에 씨의 정보를 바탕으로 하여 개복치속에 초점을 맞추고 더욱 자세한 유전적 집단 구조를 연구하였다.

한편 정확히 그 시기에, 해외 연구팀도 DNA 분석을 통해

'전 세계 개복치속이 몇 종이나 있는지' 알아보는 연구를 시작했다. 2000년대 전반기는 그야말로 개복치 DNA 분석에 의한 연구가 전 세계에 동시다발적으로 일어난 시대였다.

 2000년대 개복치 DNA 분석을 시작한 시대

3) 개복치운

세상일이 다 그렇지만, 아무리 노력하고 재능이 있어도 운이 웬만큼 따르지 않으면 모든 것이 수포로 돌아가버릴 수 있다. 그런 의미에서 사가라 씨에게는 '개복치운'이 있었다.

개복치속의 유전적 유연관계를 알아보려면 여러 장소에서 DNA 샘플을 어느 정도 수집할 필요가 있다. 그래서 사가라 씨는 이미 조사를 마친 오이타현 말고 다른 곳에도 찾아가서 샘플을 모아야 했다. 그가 선택한 곳은 오이타현의 반대 방향에 있는 미야기현. 그 이유는 사가라 씨의 졸업 연구 때 미야기현에서 개복치를 많이 잡았기 때문이었다.

때마침 여름방학에는 대학원 수업도 없어서, 먼 길임에도 불구하고 샘플링을 하기 위해 여행비를 아껴가며 차를 몰고 히로시마현에서 미야기현까지 갔다. 사가라 씨가 이때 이런 선택을 하지 않았더라면 소개복치의 발견은 훨씬 늦어졌을 것이 분명하다.

 선택의 기로에서 시험대에 오른 개복치운

3장. 소개복치의 수수께끼

4) 3m가 훌쩍 넘다

사가라 씨는 미야기현에 샘플링하러 가서, 정치망 어업을 하는 어부에게 부탁해 배를 얻어 탔다. 그리고 괴로운 배 멀미를 견뎌가며 현장에서 개복치가 잡히는 광경을 두 눈으로 확인했는데…그때 총 길이 $3m$가 넘는 대형 개체가 예고도 없이 붙잡혔다고 한다. 뉴스에 보도되어도 이상하지 않을 정도로 거대한 개복치. 실물을 본 적 있는 사람은 별로 없을 테다. 사가라 씨는 그 개복치의 총 길이를 재고, DNA 샘플을 채집하고, 대형 개체의 모습을 카메라에 담았다. 나아가 "개복치가 여행을 떠나는 이유(マンボウが旅に出る理由)"라는 웹사이트를 개설하여 이 경이로운 체험을 많은 이들과 공유했다.

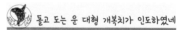
돌고 도는 운 대형 개복치가 인도하였네

5) 유전적으로 다른 두 집단

마지막으로, 사가라 씨는 주로 동북 지방과 규슈 지방에서 개복치속 샘플을 모았다. 그리고 DNA 분석 결과, 개복치속에 '유전적으로 거리가 먼(염기 배열이 크게 다른) 두 집단'이 있다는 사실을 발견했다.

하나는 총 길이가 약 $1m$ 이하인 개체로 구성되었고, 동북과 규슈 등 일본 각지에서 확인된 쿠로시오 해류(태평양에서 규슈 쪽으로 북상하여 지바현 동쪽 연안으로 빠져나가는 난류)의 영향을 크게 받는 것으로 추정되는 집단이다. 그리고 또 하나는 총 길이가 $2m$ 이상인 대형 개체로 구성되었고, 동일본의 태평양

쪽에서만 확인된, 쿠로시오 해류의 영향을 거의 받지 않는 것으로 추정되는 집단이다.

사가라 씨의 연구 결과는 지금까지 한 종류밖에 없는 줄 알았던 일본 근해의 개복치속이 사실은 '한 종류가 전부가 아닐 가능성'을 시사했다.

게다가 사가라 씨가 미야기현에서 발견한 두 집단은 같은 날 같은 장소에서 동시에 잡혔다. 유전자가 다른 집단이 같은 장소에서 잡혔다는 것은 두 집단이 교잡할 가능성(잡종이 생길 가능성)이 낮고, 단순한 지역 변이가 아니라는(별종일 가능성이 높다) 것을 의미한다. 지금까지 아무도 몰랐던 엄청난 사실을 사가라 씨가 밝혀낸 것이다.

사가라 씨의 연구는 석사 과정인 2년이라는 시간적 제약 때문에 유전적으로 멀리 떨어진 두 집단을 해명하는 데서 끝을 맺었다. 하지만 '발견한 두 집단은 정말 별종일까?', '형태에 차이는 없는가?'라는 새로운 의문도 생겨났다. 그런 의문을 해결해야 한다며 사가라 씨의 뒤를 이은 사람은 같은 연구실에 들어온 요시타 유키코(吉田有貴子) 씨였다.

 위대한 유전적 차이를 찾아냈네

5. 2대 후계자의 시대

1) 3m 대어와의 재회

2004년, 사가라 씨가 졸업하고 그의 연구를 이어받은 요시타 씨는 사가라 씨가 발견한 개복치속 두 집단이 동시에 잡힌 미야기현으로 가서 다시 한번 두 샘플을 구할 수 있는지 확인해 보기로 했다.

요시타 씨는 사회인이 된 사가라 씨에게 샘플링을 도와달라고 부탁했고, 운 좋게 성사되었다. 이 역시도 어떠한 운명이 그렇게 되도록 인도해 준 것이 아닐까 싶다. 그리하여 요시타 씨는 처음, 사가라 씨는 두 번째로 샘플링을 위해 찾아간 미야기현에서 3m가 넘는 대형 개체와 만나게 되었다(그림3-3).

이때 요시타 씨는 사가라 씨가 발견한 두 집단에 호칭이 없으면 불편할 것이라는 생각에, 동일본에서만 확인되고 총 길이 2m 이상인 개체로 구성된 집단을 'A군', 일본 전역에서 확인되고 총 길이가 약 1m 이하인 개체로 구성된 집단을 'B군'으로 임시 이름을 달았다.

[그림3-3] 2004년 8월 미야기현에서 잡은 총 길이 3m가 넘는 대형 개체(왼쪽). A군과 동시에 B군도 잡았다(위).

여기서 말하는 A군, B군의 군(群)이란 개체군을 의미한다. '집단'은 유전학적인 호칭이고 '개체군'은 생태학적인 호칭인데, 둘 다 똑같이 '어떠한 생물의 모임'을 의미한다.

 개복치 2군 동북 지방에서 다시 만나다

2) 추리에서 진상으로 - 생물학자는 탐정

이 샘플링 결과, 사가라 씨가 발견한 A군과 B군을 재확인했다. 여기서 요시타 씨는 두 집단의 '분포 지역'과 '몸 크기'의 차이에 주목하여 '두 집단이 일본으로 오는 회유 루트는 다르지 않을까'라는 가설을 세웠다.

A군은 서일본에서 샘플을 얻지 못했고, 또 대형 개체의 어획 정보도 거의 없었기 때문에 '쿠로시오 해류의 영향을 크게 받지 않는 오가사와라(小笠原) 제도를 북상하는 루트'나 '홋카이도 등 북쪽 해역에서 남하하여 미야기현으로 오는 루트'를 예상했다. 반면 B군은 일본 각지에 나타나므로 쿠로시오 해류의 영향을 강하게 받아 '쿠로시오 해류를 따라 북상해서 미야기현에 오는 루트'를 예상했다.

또한 요시타 씨는 '대형 개체의 형태'에도 주목했다. DNA가 다르다면, 자세히 관찰하면 형태의 차이를 알아낼 가능성이 있다. 대형 개체는 그 종 특유의 형태적 특징을 반영하는 경우가 많기 때문에 형태적인 차이를 쉽게 알 수 있을 것이라고 생각했다.

사람도 아기일 때는 얼굴을 잘 분간하기 어렵지만, 어른이 되면 각자의 개성이 드러나기 때문에 얼굴만 보고도 분간할 수 있다. 생물 연구에서도 '대형 개체 관찰부터 시작하기'가 철칙이다.

그렇다면 아직 확인하지 못한 B군 대형 개체가 일본 근해에 있는지 확인하는 것이 중요한 열쇠가 된다. 위의 가설과 추측들을 검증하려면 일본 각지에서 더 많은 샘플을 모아야 한다. 대형 개체의 형태 조사를 위해서는 현지조사가 필수인데, 현장에서 개복치를 잡아도 되는지 어업관계자에게 미리 문의하는 것도 빠트려서는 안 된다.

이처럼 생물학자는 가설과 검증을 거듭하며 조금씩 진실과 가까워진다. 꼭 탐정이 정보를 모아 추리하면서 사건의 진상에 접근하는 과정과 비슷하지 않은가? 그러니까, 대상이 사람인지 다른 동물인지의 차이만 있을 뿐, 생물학자와 탐정은 같은 일을 하고 있는 셈이다.

 진실을 추구하는 사람은 모두가 탐정

3) 빠른 사람이 임자! 연구 경쟁

요시타 씨가 연구를 진행하던 2005년, 미국의 연구자 베이스가 이끄는 연구팀이 요시타 씨의 연구와 비슷한 내용의 논문을 발표했다. 신기하게도 연구를 하다 보면 '비슷한 연구를 하고 있는 사람(면식은 전혀 없는)이 세계 각지에서 동시다발로 연구 성과를 발표하는 현상'이 이따금 일어난다.

이때도 그래서, 먼저 출판된 논문의 내용을 본 요시타 씨는 충격에 빠졌다. 그 논문은 요시타 씨의 것과 똑같이 '개복치 속에 몇 종이 있는지 DNA 분석을 통해 찾는다'라는 내용이었는데, 규모가 차원이 달랐다. 미국의 연구팀은 세계적 규모로 개복치속 DNA 샘플을 모아, 프레이저브루너가 주장한 두 종 ("개복치"와 남방개복치)이 각각 태평양과 대서양으로 집단이 갈리지 않았을까 하는 가설을 내놓았던 것이다. 즉, 사가라 씨가 발견한 두 집단 이외에, 세상에는 또 다른 두 집단이 있다는 이야기였다.

연구의 세계란 매 순간이 경쟁이어서, 더 빨리 결과를 발표하는 사람이 이기는 법이다. 하지만 이 미국의 연구는 개체수가 적고 형태도 조사하지 않았다. 그런 부분에서, 비록 지역은 한정적이라도 유전과 형태 정보를 모두 축적한 요시타 씨에게 강점이 있었다.

그 후 요시타 씨는 논문 발표가 한발 늦은 아쉬움을 계기로 삼아, 외국 연구팀의 정보까지 종합해서 더욱 발전된 논문을 발표하였다.

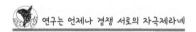
연구는 언제나 경쟁 서로의 자극제라네

4) 개복치속은 전 세계에 3종

요시타 씨는 외국까지 범위를 넓혀 샘플을 모으며 열정적으로 연구를 이어나갔다. 그 결과 흥미로운 사실을 속속 알아냈다. 우선 유전적인 결과에 초점을 맞춰보자.

사가라 씨는 유전적으로 거리가 먼 두 집단이 일본 근해에 있다는 것을 밝혀냈지만 샘플을 모은 지역은 동북과 규슈 지방에 쏠려 있었다. 그래서 요시타 씨는 아직 조사하지 않은 지역의 구멍을 메워야 한다며 다른 지역의 샘플도 모아, 사가라 씨의 정보와 합해서 종합적 분석에 들어갔다. 그 결과 일본 근해에 출현하는 개복치속은 역시 두 집단(A군과 B군)이라는 결론에 도달했다.

한편 외국 연구팀의 정보까지 조합해 세계 수준으로 시야를 넓힌 요시타 씨는 개복치속을 크게 세 개의 집단으로 나눌 수 있음을 알아냈다. 어쩌면 앞으로 그 수는 더 늘어날 가능성도 있는데, 2017년 7월까지는 이 결과가 변하지 않았다.

요시타 씨는 새로 발견한 집단을 임의로 'C군'이라고 불렀다. 또, 이 개복치속 세 집단의 유전적 거리를 계산했더니 세

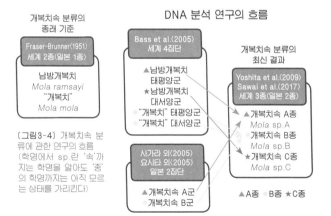

[그림3-4] 개복치속 분류에 관한 연구의 흐름 (학명에서 sp.란 '속'까지는 학명을 알아도 '종'의 학명까지는 아직 모르는 상태를 가리킨다)

집단은 각각의 유전적 거리가 '별종 수준'만큼이나 떨어져 있다(다르다)는 사실을 알 수 있었다.

별종이라는 사실을 알았기 때문에 내 시대부터는 'A~C군'이라는 이름을 고쳐서 'A~C종'으로 부르기로 했다. 요시타 씨는 취직 때문에 전 세계에 개복치속이 3종, 일본에는 2종 있다는 사실을 밝혀내는 선에서 연구를 마무리 지었다. 여기까지 온 개복치속 분류의 흐름을 간단히 정리하면 그림3-4와 같다.

프레이저브루너는 세계적으로 '개복치속은 2종이 있다'라고 주장했고, 요시타 씨는 '3종이 있다'라고 주장했다. 요컨대 프레이저브루너가 놓친 종이 하나 더 존재하는 셈이다. 프레이저브루너가 제창한 2종("개복치", 남방개복치)과 요시타 씨가 주장한 3종(A~C종)의 '어느 종과 어느 종이 일치하는가?', '각각의 학명은 어떻게 되는가?'라는 분류학적 과제는 요시타 씨의 뒤를 이어받은 나에게 주어졌다.

 유전적으로 전 세계 개복치는 3종 있다네

5) 대형 개체의 형태적 특징

요시타 씨는 대형 개체에 초점을 맞추어 A종과 B종의 형태도 조사했다. 그 결과, A종은 총 길이 181~332cm, B종은 총 길이 28~277cm인 개체가 각각 확인되었다. 사가라 씨는 확인하지 못했는데 사실은 B종에도 대형 개체가 있었던 것이다.

일본 근해에서 총 길이가 1.8m가 넘는 개체는 그림3-5와 같이 A종과 B종을 식별할 수 있다는 사실을 알았다. 외견상의 특

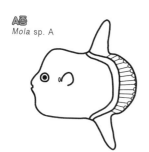

A종
Mola sp. A

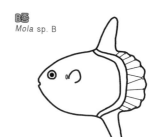

B종
Mola sp. B

·골판 수: 8~15개 (평균 12개)
·키지느러미 연조: 14~17개 (평균 16개)
·키지느러미의 물결 모양: 없음
·머리 돌기: 있음
·B종보다 체고와 몸의 전반부가 길다

·골판 수: 8~9개 (평균 9개)
·키지느러미 연조: 10~13개 (평균 12개)
·키지느러미의 물결 모양: 있음
·머리 돌기: 없음
·A종보다 체고와 몸의 전반부가 짧다

〔그림3-5〕요시타 씨가 밝힌 총 길이 1.8m 이상인 개복치속 2종의 이미지

징을 간단히 설명하면 A종은 울트라맨처럼 머리 위가 볼록 튀어나왔고 키지느러미 끝이 둥그스름한 반면, B종은 머리 위가 튀어나오지 않았으며 키지느러미 끝이 물결 모양이다.

하지만 유감스럽게도 요시타 씨는 C종을 조사할 기회가 없어서 그 형태를 밝혀낼 수는 없었다. 요시타 씨는 프레이저브루너가 제창한 개복치속 2종의 형태적 특징과 비교해서, 형태가 밝혀진 A종과 B종의 학명을 특정하려고 시도했다. "개복치"와 B종은 형태적 특징이 거의 일치했기 때문에 아마도 B종의 학명은 *Mola mola*가 될 거라고 미루어 짐작했다. 한편 남방개복치와 A종은 비슷한 구석도 있지만 다른 점도 있었기 때문에 보류해두었다. 남방개복치의 형태적 특징이 C종의 특징과 맞아떨어질 가능성도 남아 있었기 때문이다.

결국 C종의 형태를 분명히 밝히지 못했기 때문에 유전적으로 확인된 개복치속 3종의 학명은 특정할 수 없었다.

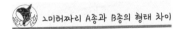

ㅗ미터짜리 A종과 B종의 형태 차이

6) 개복치속 2종의 회유 가설

요시타 씨는 연구 초기부터 A종과 B종은 다른 회유 루트로 일본(미야기현)을 회유하고 있지 않을까라는 가설을 세웠다. 요시타 씨는 'A종은 쿠로시오 해류를 의존하지 않는 루트', 'B종은 쿠로시오 해류를 의존하는 루트'로 일본을 회유할 가능성을 생각했던 것이다.

이러한 가설을 증명하려면 두 종의 회유를 실제로 추적해야 한다. 하지만 사람이 회유어와 함께 헤엄치며 추적하기란 불가능하다. 여기서 '바이오로깅'이라는 기술이 등장하는데… 이 이야기는 4장에서 다시 하기로 하고.

어쨌든 요시타 씨는 사가라 씨의 연구를 크게 진전시키고 물러났다. 이제부터는 드디어 나의 연구 이야기다.

 개복치속 두 종의 회유 가설은 서로 다를까

6. 3대 후계자의 시대

1) 인터넷이 만들어준 인연

2006년 3월. 당시에 나는 긴키 대학 농학부 4학년에 올라가기 직전이었다. 졸업 연구 주제를 무엇으로 정할지 그리고 졸업하고 나면 무슨 일을 하며 살지 고민하던 시기였다. 친구들은 하나둘 취업 활동을 시작하는 분위기였지만, 나는 무슨 영문인지 취업 활동을 할 마음이 조금도 일지 않았다.

연구실은 이미 배정되어서 그곳 교수님으로부터 "졸업 연구로 뭘 하고 싶은지 고민해 보게." 하는 말을 들었다. 그래서 뭘 할지 생각했을 때, 수산계 대학을 선택한 내 원래 목적이 떠올랐다. 그렇다, 나는 개복치 연구를 하려고 수산계 대학에 들어온 것이었다!

대학 봄방학을 맞아 나는 내가 정말로 개복치를 연구하고 싶은지 확인하는 차원에서, 앞서 소개한 웹사이트 '개복치가 여행을 떠나는 이유'에서 알게 된 오이타현 마린컬처센터로 혼자 여행을 떠났다. 그곳에서 내게 가까이 다가온 개복치의 등지느러미를 몰래 만지고 실물을 본 감동에 혼자 전율하면서 '개복치를 연구하고 싶다!'는 마음은 더욱 강해졌다.

그래서 "개복치를 졸업 연구 주제로 삼고 싶습니다!" 하고 연구실 교수님께 말씀드렸는데…돌아온 말은 "어떻게 연구하려고?" 라는, 내 자신에게 던지는 질문이었다.

그도 그럴 것이, 내가 다니던 대학은 나라현의 어느 산 위에 있었고 근처에 바다라고는 없었다. 또 내가 들어간 연구실은 메인 테마가 '담수어'여서 교수님도 개복치에 관한 연구 노하우는 없었던 것이다.

여기까지 왔는데 개복치를 연구할 수 없는 건가, 하고 나는 울고 싶은 심정이었다. 하지만 고민하는 내게 교수님은 결정적 충고를 두 가지 해 주셨다.

하나는 일단 제안한 주제 중에 하나를 선택해 졸업 연구를 하고, 대학원에 간 후에 개복치 연구를 하면 된다는 것. 또 다른 하나는 인터넷으로 검색해서 과거에 개복치를 연구한 기록이 있는 사람을 찾아내는 것이었다.

이 충고가 내 인생을 확 바꾸는 계기가 되었다. 나는 때마침 인터넷 게시판에 글을 올린 지 얼마 안 된 개복치 연구자를 바로 찾아내, 일단 메시지를 보내보았다. 신기하게도 내가 메시지를 보낸 그 인물이 바로 '개복치가 여행을 떠난 이유'의 관리인 사가라 씨였던 것이다.

 우연은 인터넷에서 마구 엮여 필연이 되네

2) 우울과의 싸움

졸업 연구를 하는 틈틈이, 초대 연구자 사가라 씨에게 소개받은 2대 후계자 요시타 씨의 이와테현 샘플링에 동행하여 연구를 돕는 사이 일 년이 순식간에 흘러갔다. 그리고 취업을 하게 된 요시타 씨에게 연구를 이어받아 3대 후계자가 되었다.

그리고 2007년 4월, 대학원에 간 나는 '드디어 염원하던 개복치 연구를 할 수 있게 되었어!' 하고 의기양양하게 연구를 시작했는데…곧 정서불안에 빠지고 말았다.

난생처음 독립해 혼자 살면서 대학원 수업을 듣고 개복치의 어떤 것을 연구해야 좋을지…생각해야 할 게 한두 가지가 아니었고, 특히 연구 주제가 좀처럼 정해지지 않아 마음이 급했다.

요시타 씨가 남긴 연구 과제는 아주 많았는데, 그것들을 해결하려면 새로운 샘플을 구해야 했다. 요시타 씨의 샘플링에 따라갔을 때 노하우를 배우긴 했어도 샘플링 장소인 이와테현에 개복치가 오는 것은 대략 두 달 뒤. 새로운 샘플을 얻을 수 없는 기간 동안 뭘 해야 좋을지 몰라 눈앞이 캄캄했다.

지금 생각해보면 그 시간에 영어 논문이라도 읽고 지식을 쌓았으면 좋았을 텐데 하는 아쉬움이 남는데, 당시에는 영어울렁증이 약간 있었다. 부정적인 사고에 사로잡힌 나는 점점 정신적으로 견디기 힘들어졌다. 그때 병원에 갔다면 분명 우울증 진단을 받았을 것이다.

그리고 두 달 후인 6월, 심기일전하여 샘플링 장소 이와테현 국제연안해양연구센터(자세한 이야기는 4장에서)를 찾아갔는데, 이번에는 개복치가 잘 잡히지 않는 사태에 빠졌다. 한때는 연구를 다 접고 고향집으로 내려갈까도 생각했지만, 그토록 바라던 개복치 연구를 겨우 시작했는데 이제 와서 포기하면 후회가 남을 것 같아 결국은 그만둘 수 없었다.

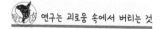 연구는 괴로움 속에서 버리는 것

3) 공격형 샘플링으로 – 어부와의 신뢰 관계

어둠 속에서 막을 올린 내 개복치 연구 생활은 암흑시대가 조금 더 이어진다.

개복치 연구에서 제일 힘든 부분은 '샘플을 구하는 것'이다. 일단 개복치 자체가 다른 물고기보다 압도적으로 덩치가 크기 때문에 여러 가지 애로사항이 많다. 그건 요시타 씨의 샘플링을 따라갔을 때도 절절히 느꼈다. 그런데 내가 직접 연구해보니 그때는 몰랐던 문제점들까지 잇달아 드러났다.

요시타 씨의 샘플링 방식은 '기다리기형'이었다. 개복치가 잡히면 정치망 어부가 전화해 줘서, 어부가 어항에 도착하기 전에 센터 직원의 도움을 받아 트럭을 타고 항구까지 가서 개복치를 받아오는 시스템이다.

언뜻 간단해 보일 수 있는데 이는 '어부가 전화해 주기만을 하염없이 기다려야 하는' 제약이 있다. 일주일 넘게 전화가 오지 않을 때도 있고, 정말 개복치가 잡히지 않은 게 맞는지 의심스러운 마음이 들 때도 있다. 실제로 개복치를 잡아놓고도 일이 바빠 전화하기를 까먹었거나 귀찮아서 전화하지 않는 경우도 있었다. 요컨대 어부와 신뢰관계를 쌓지 않으면 이 연구는 성립하지 않는 것이다.

또 어업은 자연을 상대하는 일이기에, 바다 상황에 따라 어획이 이루어진다. 그래서 '개복치를 잡았다'는 연락이 언제 올지 모른다. 전화가 오면 곧바로 항구에 가야 하기 때문에 마음 편히 외출도 할 수 없다. 나는 항상 휴대전화를 매너모드로 해두는 습관이 있어서, 휴대전화가 진동하지 않았는데도 떨린 것처럼 착각하는 '유령진동증후군'에 걸렸다.

그 후 이런 저런 일이 있어서 상황이 바뀌었고, 나는 굳게 마음먹고 샘플링 시스템을 확 바꿔보기로 했다. 전화를 마냥 기다리는 것은 너무 고통스럽다. 하지만 샘플은 필요하다…그렇다면 직접 배를 타고 나가서 현장에서 개복치가 잡히는 모습을 확인하는 것이 가장 낫다. 자기가 탄 배에서 개복치가 낚이지 않으면 그날은 어쩔 수 없다며 깨끗이 단념할 수 있으니까 말이다.

이렇게 해서 체력으로 승부를 보는 '공격형 샘플링'으로 방식을 전환하여 전보다 효율적으로 샘플을 모으기 시작했고, 연구 역시 진전을 보여 마음고생은 점점 사라졌다. 또 매일 어부와 만나니까 자연스레 신뢰관계가 쌓여서, 어떨 때는 고기잡이를 옆에서 돕기도 했다.

나는 사람을 쉽게 사귀지 못하는 성격이어서 '인간관계가 연구보다 어렵다'고 여겨왔는데, 좋은 인간관계를 만들어두면 모든 일이 술술 풀린다는 사실을 이때 배웠다.

〔그림3-6〕 저자가 인생 최초로 조사한 소개복치. 2007년 이와테현에서.

 과감하게 변화하는 것이야말로 중요하다네

4) 천만다행이었던 공동 연구

실패와 고난은 아직 계속된다. 샘플링을 해 나가는 동안 점점 연구 주제에 대한 구상이 점차 자리를 잡아갔다. 요시타 씨는 A종과 B종이 유전적·형태적으로 다르다는 사실을 증명하고 회유 생태가 다를 가능성을 시사했다.

나는 A종과 B종의 생태적 차이를 좀 더 알아내고 싶은 마음에 연령을 비교해보기로 했다. 하지만 개복치의 연령을 알아본 선행 연구는 없었다. 전례가 없는 것을 연구할 때는 대체로 그 벽이 몹시 높은 법이다.

일반적으로 어류의 연령을 조사할 때는 '이석'이 활용된다. 하지만 개복치에게는 이석이 없다. 따라서 이석 대신 몸의 어느 부위가 연령 조사에 적합한지부터 일단 알아내야 한다. 그러려면 다양한 크기의 개체를 모아 비교할 필요가 있다.

복어의 친척들은 척추뼈를 가지고 연령 조사를 많이 하기 때문에 '똑같이 복어 친척인 개복치 역시 척추뼈로 알 수 있지 않을까?' 하는 생각이 들었다. 하지만 척추뼈로 조사하려면 샘플의 양이 늘어나는 문제도 있고, 뼈에 수분이 많아 절단면이 반투명하기 때문에 어떤 것을 보고 연령을 판단할 수 있는지 몰라서 몹시 고민되었다.

몇 개월 동안 시행착오를 거친 끝에 지쳐버린 나는 연령 조사를 포기했다. 자연 상태에서 개복치의 연령을 알아보는 연구는 아직 진척이 없지만, 수족관에서 사육하는 개체의 성장률을 보면서 연령을 추정하는 연구는 있었는데 그 연구에 의하면 총 길이 3m짜리 개체는 20세 전후라고 한다.

또 석사 과정 때는 아직 '형태적으로 개복치속의 종을 구분할 수 있는 안목'이 내게 없었기 때문에, 채집한 모든 개체를 가지고 정확하게 종을 분류하기 위해서는 DNA 분석이 필요했는데…내가 한 DNA 분석 실험은 몽땅 실패하고 말았다. 익숙하지 않은 실험이어서 방식이 잘못되었던 건지도 모른다.

시간도 실험할 돈도 부족했던 이 시기에는 너무도 괴로워서, 만화 『마법진 구루구루』같이 평소에 좋아하는 오락거리로 마음을 달래지도 못하고 그저 학교 안을 정처 없이 떠돌거나 하루 종일 아무것도 먹기 싫고 울고 싶은 심정으로 집에만 틀어박혀 있기도 했다.

그런 내게 도움의 손길을 내민 사람은 야마노우에 씨였다. 요시타 씨로부터 연구를 이어받을 때 연구자도 몇 명 소개받았는데, 그중 한 사람이 사가노 씨와도 인연이 있는 야마노우에 씨였다. 야마노우에 씨는 나와도 종종 메일로 소식을 주고받은 사이였다. "샘플을 보내주면 DNA 분석을 해 볼게." 하고 선뜻 제안해주셔서, 나는 매달리는 심정으로 샘플을 보내고 결과가 돌아오기만을 기다렸다.

그리고 야마노우에 씨는 보란 듯이 모든 개체의 종을 판별해 주었다. 이는 내게 엄청난 구원이었고, 직접 DNA를 분석하기보다는 경험이 풍부한 야마노우에 씨에게 맡기는 게 낫다는 사실을 그때 뼈저리게 느꼈다. 이 일이 계기가 되어 나와 야마노우에 씨는 본격적으로 공동 연구를 시작하게 되었고 DNA 분석은 야마노우에 씨, 그 밖의 분야는 내가 맡는 역할 분담이 이루어졌다.

 어둠 속에서 공동 연구의 길이 열렸네

5) A종을 '소개복치'로 부르다

지금까지 개복치 연구를 하면서 경험한 내 서툴고 어두운 면을 공개했다. 연구자라면 누구나 눈물이 왈칵 쏟아질 것만 같은 괴로운 경험을 한 번쯤 해 보기 마련이다. 하지만 싫어도 다시 연구하고 싶어지는 게 연구자라는 생명체라고 나는 생각한다.

그럼 이제부터는 내가 연구해서 밝혀낸 것에 대해 말하고 자 한다. 이번 장의 제목인 '소개복치'에 대해 지금까지는 별로 다루지 않았었다. 하지만 사실 소개복치는 내가 한 이야기 속에 몇 번이나 등장했다. 그렇다, 제목에서 살짝 힌트를 줬듯, 소개복치란 바로 A종을 가리킨다.

야마노우에 씨의 도움에 힘입어 석사 논문을 무사히 발표한 2009년 가을, 나는 야마노우에 씨의 주도로 함께 논문을 쓰게 되었다. 그 과정에서 A종, B종이라는 이름은 불편했기 때문에 두 종에 새로운 이름을 붙여 주자는 이야기가 나왔다. C종은 연구해도 그 형태를 제대로 밝혀내지 못했고 일본 근해에서는 전혀 발견되지 않아 일단 보류했다.

A종과 B종은 개복치속에 포함되는 만큼 '××개복치'가 입에 잘 붙을 것 같다며 둘이 머리를 맞대고 고민해보았다. 하지만 갑자기 이름을 바꾸는 데서 오는 혼란도 고려해야 할 필요가 있었다. 이를테면 지금까지 개복치라고 부르던 물고기를 갑자기 오무복어('꼬리 없는 복어'라는 의미로) 같은 이름으로 바꾼다고 생각해보라. 그러면 지금까지 개복치라고 썼던 모든 자료를 오무복어로 바꿔야 하니, 사회적으로 큰 혼란을 야기하게 될 것이다.

야마노우에 씨와 나는 의논 끝에 일본에서 일반적으로 '개복치'라고 부르던 종은 B종에 해당하는 만큼 B종을 "개복치"라 부르기로 정리하였다.

　　일본 근해에서는 A종과 비교할 때 B종이 압도적으로 많이 잡히는 데다가 지금까지 '개복치'로 도감에 실린 종의 형태와 B종의 형태가 일치했고, 수족관에 있는 개복치는 거의 100퍼센트 B종에 해당했기 때문이다.

　　그런데 B종이 "개복치"가 되면 필연적으로 A종에게는 새로운 이름을 붙여주어야 한다. A종은 울트라맨처럼 볼록 튀어나온 머리가 특징이니까 '울트라맨개복치'가 어떨까, 아니면 키지느러미 끝이 둥그스름하니까 '둥근키개복치'같은 이름은 어떨까 하고 제안해봤지만 전부 거부당했다. 대신 개복치의 '볼록 튀어나온 머리'가 소뿔을 연상시키기 쉽다며 최종적으로 이와테현에서 어부들이 부르는 이름인 '소개복치(ウシマンボウ, 우시만보)'가 A종의 이름으로 결정되었다(그림3-6 참조).

　　이와테현 등 동북 지방의 어부는 사가라 씨가 DNA를 분석해 발견하기 이전부터 형태에 따라 "개복치(만보)"와 구별해서 A종을 우시만보, 마카만보(マカマンボウ), 맛카부(マッカブ), 미즈모리(ミズモリ) 등의 지방명으로 불러왔다. 마카만보, 맛카부의 '마카'는 일본어로 볼록한 머리 부분을 의미하므로, 어부들이 머리 형태를 보고 두 종을 식별했다는 것을 알 수 있다.

　　한편 두 종을 구분해서 부르지 않는 지역에서는 개복치가 성장하면 소개복치처럼 생김새가 바뀐다고 여기던 어부도 있었다. 또『연구하는 수족관—수조 전시가 전부가 아닌 지적 세

계(研究する水族館—水槽展示だけではない知的な世界)』(猿渡敏郎, 西源二郎 編著, 2009, 東海大學出版會)라는 책에서 소개복치는 '부채형 유형', 개복치는 '보통 유형'으로 불리고 있다.

이리하여 사가라 씨가 DNA 분석을 통해 처음 발견한 '총길이 2m 이상으로 구성된 집단'은 요시타 씨의 시대에서는 'A군'으로 바뀌었고, 내 시대에는 'A종', 그리고 2010년에는 '소개복치'라는 이름이 붙게 되었다.

 A종의 이름은 시간이 흘러 소개복치가 되었네

6) 기형

비록 연령 조사는 포기했지만, 그래도 요시타 씨의 데이터를 무용지물로 만들 수 없었던 나는 형태 조사를 계속 이어나갔다. 100마리 넘는 개복치의 형태를 조사했는데, 그렇게 많이 보다 보면 그중에는 꼭 '이상한 녀석'도 끼어 있기 마련이다. 형태 이상, 즉 '기형'이다.

내가 조사하던 당시에 개복치류의 기형에 관한 논문은 아직 찾지 못했다. 그리고 조사 결과 기형 개복치가 자연계에 약 10퍼센트 정도는 존재한다는 사실을 알았다.

한 가지 예를 소개하면 등지느러미가 극단적으로 짧은 개체, 기지느러미의 끝부분이 결손된 개체, 가슴지느러미가 변형된 개체 등이 확인되었다(그림3-7). 이처럼 기형 개체까지 포함해서, 그 종에 어떠한 형태 변이가 존재하는지 파악하는 것도 종을 식별하기 위해 중요하다고 생각한다.

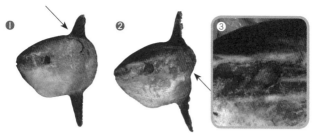

〔그림3-7〕 "개복치" 기형. ①등지느러미가 극단적으로 짧은 개체. ②키지느러미의 끝부분이 결손된 개체. ③가슴지느러미가 변형된 개체

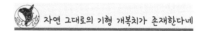
자연 그대로의 기형 개복치가 존재한다네

토픽⑥ 살아남은 개체

7장에서 자세히 이야기하겠지만, 요즘에 와서 개복치는 '쉽게 죽는 생물'이라는 이미지가 강해졌다. 하지만 자연계의 치열한 생존 경쟁에서 살아남은 만큼 개복치의 생명력은 나름대로 강하다. 샘플링 하던 중에 개복치의 강한 생명력을 느끼게 해준 개체가 두 마리 있었다(그림3-8).

하나는 몸에 구멍이 뚫린 "개복치"였다. 이 개체는 피부 일부에 구멍이 뚫려서 속살이 드러난 상태로 잡혔다. 구멍이 뚫린 원인은 명확하지 않은데, 아마도 송곳니가 있는 포식생물의 공격을 받았거나 작살에 찔리고도 살아남은 개체가 아닐까 싶다.

다른 하나는 키지느러미가 결손된 소개복치였다. 원래 키지느러미가 있어야 할 부분에 베어 먹힌 흔적이 있어서 포식동물의 공격을 받았지만 살아남은 개체가 그대로 성장한 것으로 짐작되었다. 키지느러미는 추진력에 별로 기여하지 않기 때문에 없어도 사는 데는 지장이 없는 듯하다.

안타깝게도 이 개체들 역시 최종적으로는 인간에게 붙잡혀 샘플 신세로 전락하고 말았지만, 어쨌든 개복치는 유리 멘탈이 아니라 험난한 자연계 속에서도 꿋꿋이 살아가는 생물임을 알게 됐다.

[그림3-8] 누군가에게 공격당했지만 살아남은 개체. 동그라미 표시는 상처 자국을 가리킨다. (왼쪽) 몸에 구멍이 뚫린 "개복치"(오른쪽) 키지느러미가 결손된 소개복치

 개복치는 다쳐도 쉽게 죽지 않는다네

7) 회유의 수수께끼를 푸는 열쇠, 수온

소개복치는 우리가 대를 이어 조사해서 겨우 발견한 종이므로 "개복치" 이상으로 그 생태가 수수께끼투성이이다. 지금까지 소개복치를 연구하면서 느낀 의문은, 어째서 '일본에 회유하는 개체는 총 길이가 $2m$ 이상인 대형 개체들뿐'일까, 그리고 왜 그 대형 개체들은 '죄다 암컷'일까, 하는 점이었다.

소개복치와 "개복치"의 더 구체적인 생태 차이를 알고 싶었던 나는 '수온'에 주목했다. 수온은 해양생물의 움직임에 큰 영향을 주는 중요한 환경 요인이다. 두 종의 출현 수온(어획일의 표층 수온을 일평균한 것)에 차이가 있는지 알아보았다.

나는 내가 연구하면서 제일 많은 개체를 구했던 산리쿠 해역에 초점을 맞춰 두 종의 출현 수온을 비교했다. 그랬더니 소개복치의 출현 수온은 "개복치"보다 높았고 특히 총 길이 $2m$가 넘어가면 그 차이가 더욱 뚜렷하게 드러났다(그림3-9). 이는 소개복치가 여름철에만 산리쿠 해역에서 잡히는 부분과 일치한다.

이어서 크기가 다양한 "개복치"를 구해서 전체 길이와 출현 수온의 관계를 살펴보았더니 대형 개체일수록 낮은 수온을 좋아하는 경향이 드러났다. 이는 성장하면서 점점 선호하는 수온대가 달라짐을 의미한다. 수온에 주목한 나의 연구 결과와 지금까지의 지식을 조합하면 왜 소개복치의 대형 암컷 개체만 일본에 출현하는지 설명할 수 있다.

그럼 지금부터는 내가 현 단계에서 세운 가설이다. 소개복치는 "개복치"보다 높은 수온대에 출현했다. 이는 소개복치의 주요 분포지역이 일본보다 남쪽 해역에 있음을 시사한다. 또

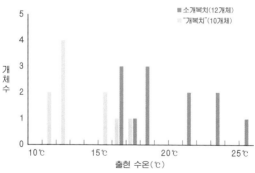

[그림3-9] 산리쿠 해역의 총 길이 2m 이상인 소개복치와 "개복치"의 출현 수온(어획일의 표층 수온을 일평균한 것)

"개복치"의 사례에서, 대형 개체는 낮은 수온을 좋아한다는 것이 드러났다. 즉 대형 개체가 소형 개체보다 내랭성(보온성)이 높다고 볼 수 있다.

이것이 소개복치에게도 적용된다고 가정하면 일본보다 남쪽 해역에 분포하는 소개복치의 대형 개체에게 여름철은 수온이 너무 높기 때문에 수온이 차가운 해역인 일본으로 몸을 피하거나 혹은 내랭성이 높은 대형 개체만 먹이가 풍부한 산리쿠 해역을 향한다고 짐작할 수 있다. 물이 뜨거워서 도망쳐 오는 것인지, 아니면 물이 차가워도 괜찮으니까 진출하는 것인지, 어느 쪽이 정답인지는 아직 알 수 없지만 이러한 가설이 소개복치의 대형 개체만 일본에서 발견되는 이유라고 나는 생각한다. 내가 세운 가설은 '남쪽 지역일수록 소개복치의 몸 크기가 작아진다'라는 요시타 씨의 연구 결과의 지지도 받고 있다.

이어서 일본 근해에서 소개복치는 암컷밖에 출현하지 않는 이유에 대해서인데, 개복치속은 '암컷이 수컷보다 몸집이 크다'는 사실이 내 연구와 다른 연구를 통해 드러났다. 이것이 소개복치에게도 해당된다고 생각하면 '일본에서 잡히는 소개복치는 대형 개체밖에 없다=일본에 출현하는 소개복치는 암컷밖에 없다'가 되는 셈이다.

한편 소개복치와 "개복치"는 일본 근해를 이용하는 방법에도 차이가 있다.

"개복치"는 소형 개체에서 대형 개체까지 다양한 크기가 출현하는 만큼 일본 근해를 '생육장'으로 활용하고 있는 것으로 짐작된다. 반면 소개복치 소형 개체는 일본보다 더 남쪽에

붉은 표시는
쿠로시오 해류를
나타낸다

● "개복치"
▲ 소개복치

〔그림3-10〕 사가라 씨와 요시타 씨와 나의 데이
터를 종합해서 만든 일본 근해 개복치속 분포도
(눈으로 관찰한 것에 한하며 DNA 분석을 하지
않은 개체도 포함한다)

있는 듯하니, 일본 근해를 생육장으로 활용하지는 않는 것 같다. 이러한 사실을 토대로 나는 "개복치"는 온대종, 소개복치는 열대종이 아닐까 추측한다.

내 연구는 요시타 씨의 회유 가설에서 한 걸음 나아가, "개복치"와 소개복치의 생태적 차이를 보다 분명히 했다. 그리고 이러한 연구 내용으로 '이와테현 산리쿠 해역 연구 논문'에 응모하여 당당히 이와테현 지사상(학생부)을 받았다.

 수온 차이로 점점 손에 잡히는 새로운 가설

8) 다시 본 회유 가설

수온에 주목한 내 연구로 "개복치"와 소개복치의 회유 생태가 다른 원인(출현 수온이 다름)이 드러나면서 요시타 씨가 세운 두 종의 회유 가설은 일부 재검토해야 할 필요가 생겼다. 요시타 씨는 혼슈(일본 열도 중 가장 큰 섬)의 서일본이나 (한국) 동해 쪽에서는 소개복치를 전혀 잡을 수 없었고 목격 정보도 얻지 못했기 때문에 소개복치는 쿠로시오 해류에 의존하지 않는 루트로 일본에 회유한다고 예상했다.

하지만 내 연구에서 소개복치가 쿠로시오 해류의 영향을 받는 동해 쪽 이시카와현과 서일본의 오이타현 등에서도 발견되면서, 더는 쿠로시오 해류에 의존하지 않는 루트로 일본에 회유해온다고 말하기 어려운 상황이 되었다(그림3-10). 즉, "개복치"와 같은 회유 루트로도 올 가능성이 생긴 것이다. 소개복치는 예상한 것보다 다양한 회유 루트를 통해 일본에 회유하는 듯하다. 이처럼 가설은 어디까지나 가설일 뿐이고 실제로 증명될 때까지는 매일 다시 검토해야 한다.

 쉼 없는 가설 재검토로 진실에 한 걸음 더 가까이

9) 소개복치, 전국에 널리 알려지다

우리가 소개복치라는 이름을 붙인 것은 2010년의 일이다. 하지만 「어류학잡지(魚類学雑誌)」라는 전문지에서 이름을 소개했기 때문에 어류 연구자들 사이에서밖에 알려지지 않았다. 유명인도 아닌 내가 소개복치의 존재를 보급하려고 했으니 그런 결과는 불 보듯 뻔한 일이었다.

그런데 2013년에 출판된 『일본산 어류 검색 전어종 동정 제3판』에 소개복치가 실리면서 인지도가 서서히 올라가기 시작했다. 그러다가 소개복치의 이름이 급격하게 전국적으로 보급되는 충격적인 사건이 발생했다.

2014년 8월, 홋카이도 하코다테. 오징어를 조사하러 갔던 홋카이도 대학 연구팀이 조사 중에 우연히 정치망에 잡힌 총 길이 $3m$가 넘는 거대 소개복치를 사진에 담았던 것이다(이 장 표지 사진). 상당히 강렬한 어획 모습이 뉴스에 나오고 트위터를 통해 널리 확산되자 그동안 소개복치를 몰랐던 사람들이 '소개복치가 뭐지?' 하고 일제히 관심을 가지게 되면서 소개복치의 이름이 갑자기 전국적으로 퍼지게 됐다.

이러한 현상은 당시 어획 현장에 있던 홋카이도 대학 교수가 뉴스 인터뷰에서 '소개복치'라는 이름을 언급해준 덕분인 것 같다. 그 교수가 인터뷰에서 '개복치'라고 말했더라면 소개복치의 존재를 아는 사람은 아직까지도 그리 많지 않았을 것이다.

나는 소개복치의 이름이 갑자기 유명해지는 양상을 인터넷 (특히 트위터)으로 지켜보며 놀라움을 금치 못했고, 한편 몹시 기뻤다. 그리고 홋카이도에서 잡은 이 소개복치는 일본의 북쪽 한계 기록으로 갱신되었기 때문에 현장에 있던 연구팀 사람들과 접촉하여 귀중한 소개복치 출현 기록으로 논문에 실었다.

 우연한 계기로 소개복치의 이름이 유명해졌네

10) 잘못된 표본

소개복치의 인지도가 올라가면서 소개복치와 "개복치"가 지금까지 오랜 기간 동안 혼동되었다는 사실을 사람들이 새로 인식하게 만들어야 했다. 즉, 종래의 지식은 전부 그 두 종이 혼동되었을 가능성을 의심해야 한다는 것이다. 그래서 나는 일본에

보관 중이던 개복치속의 대
형 표본을 조사해보았다.

현재 일본에는 총 길이
2.5m가 넘는 개복치속 대형
박제 표본이 네 개 있는데,
시설(아쿠아월드 이바라기현
오아라이 수족관, 뮤지엄파크
이바라기현 자연박물관, 기타
큐슈 시립 자연사·역사박물관,
바다와 생활 사료관)마다 하나

[그림3-11] 아쿠아월드 이바라기현 오아라이 수
족관에 전시되어 있는 소개복치 대형 박제 표본.
촬영했을 때 전시 패널에 '개복치'라고 되어 있었
다. 아래에 사람이 들고 있는 것은 1m짜리 자.

씩 전시하고 있다. 이 네 개
의 표본은 내가 연구를 시작하기 전까지 전부 '개복치'로 동정
되어 있었다.

하지만 내가 조사한 결과 바다와 생활 사료관에 있는 표본
을 제외한 나머지는 전부 소개복치였다(그림3-11). 일본에 "개
복치" 한 종밖에 없는 줄 알았을 테니 어쩔 수 없는 일이었겠지
만, 일본에서 잘못 동정해서 명칭을 붙였다는 사실은 세계적으
로 같은 혼동과 잘못된 표기가 일어나고 있음을 가리킬 것이
다. 개복치속은 지금, 과거의 지식을 다시 한번 되돌아보는 시
기에 접어든 것이다.

잘못된 명칭 동정은 세계 각지에서 일어나고 있네

11) 학명 특정을 향하여

일본에서는 소개복치의 이름이 유명해지면서 기존의 지식이 조금씩 수정되고 있다. 하지만 소개복치라는 이름은 전 세계에 통용되지 않는 만큼, 세계적으로 종을 혼동하고 이름을 잘못 동일시하고 있음을 사람들이 깨닫게 하려면 학명을 특정해야 한다. 이런저런 사정이 있어서 조금 멀리 돌아가긴 했지만 현재 나는 그 연구 중에 있다. 개복치(B종)의 학명이 *Mola mola* 가 되리라는 것은 이미 앞에서 요시타 씨가 시사하였고 나 또한 같은 의견이다.

한편 소개복치(A종)의 학명에 대해서는 『일본산복어류도 감(日本産フグ類図鑑)』(松浦啓一, 2017, 東海大学出版会)에서 형태적으로 보고 프레이저브루너가 말하는 *Mola ramsayi*를 적용하는 것이 현 시점에서 타당하다고 주장하고 있다. 나도 이 주장에 찬성하는 바다.

사실 지금까지 C종은 남반구에서만 발견되어서(그림3-12), 어떻게 해야 샘플을 구할 수 있을지 고민하다가 지쳤었는데, 최근 들어 호주 머독 대학교의 연구자 마리안 나이가드 씨와 공동 연구를 시작해 지금까지 베일에 가려져 있던 C종은 "개 복치", 소개복치와 형태가 다르다는 사실을 밝혀냈다.

그렇다면 C종이 신종일 가능성이 높아지는데…이를 증명하려면 '과거에 기재된 개복치속 33종의 학명과 일치하지 않는다는 점'을 확인해야 한다. 또 "개복치"와 소개복치의 학명 역시 과거 33종의 학명과 대조하면서 재검토할 필요가 있다. 조금씩 연구를 진행하고 있는 만큼 유전적으로 분류된 개복치속

3종이 장차 어떤 학명으로 결정될지 기대해봐도 좋겠다.

그런데 소개복치의 학명이 *Mola ramsayi*가 된다면 앞에서 언급한 남방개복치와 학명이 중복된다. 생물의 이름이 중복되면 일반적으로는 먼저 제창된 이름이 채용되는데 일본의 경우는 널리 보급된 쪽으로 통일하고 있다.

이 종은 지금까지 남태평양에서만 분포한다고 알려졌지만 실제로는 전 세계에 고루 분포한다는 것(그림3-12), 현대에는 소개복치 쪽이 남방개복치보다 더 일반적인 이름으로 보급되어 있다는 것을 고려할 때(내가 보급했다는 부분도 크지만!) 나는 소개복치 쪽으로 통일하려고 생각 중이다. 이렇게 분류학도 매일 빠짐없는 가설과 검증이 필요하다.

 멀리 돌아가지만 도리어 가까워지는 진실

12) 기타 모리오가 본 것은 정말 개복치였을까?

화제를 조금 바꿔서, 이번 장을 마치며 끝으로 표제에 관해 고찰해 보려고 한다. 작가 기타 모리오(北杜夫, 1927~2011)는 수산청의 가다랑어 조사 프로젝트 조사선 쇼요마루(照洋丸)에 전담 의사로 승선한 체험을 바탕으로 한 『닥터 개복치 항해기(どくとるマンボウ航海記)』를 1960년에 출판하고 스스로 '닥터 개복치'라고 칭했다(6장 참조).

'가다랑어를 쫓아 아프리카 앞바다로'라는 소제를 보면 가다랑어 주낙(延繩) 그물에 걸린 개복치에 대한 짧은 기록이 있는데, 1959년 1월에 아프리카 베르데곶 앞바다와 카나리아 제

〔그림3-12〕 지금까지의 연구에서 DNA 분석한 개체를 바탕으로 한 개복치속 3종(소개복치, 개복치, C종)의 세계 분포

도 사이 해역에서 맞닥뜨렸다고 한다.

여기에서 얻은 개체는 DNA 분석을 하지 못했으므로, 기타모리오가 개복치속 3종 가운데 어느 종을 본 것인지는 안타깝게도 분명치 않다. 앞으로 차차 알아보고 싶다.

참고로 나는 3대 쇼요마루에 개복치 치어를 채집할 목적으로 탄 적이 있다. 설마 개복치의 이름을 전국에 퍼트린 유명 인물이 탄 배와 같은 계열의 배에 탈 줄은 상상하지도 못해서, 왠지 신기한 인연을 느꼈다.

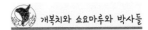

개복치와 쇼요마루와 박사들

4장.
바이오로깅이 파헤치는
생태의 수수께끼

바이오로깅 조사를 하는 모습
①기록계와 발신기 세트를 단 다음 풀어주고.
②그 세트를 전파 수신기로 탐색
③무사히 회수!

1. 가능성의 도구 '바이오로깅'

최근 들어 개복치 연구를 둘러싼 정세는 급격하게 변화하기 시작했다. 새로운 연구 수법이 등장하면서 지금껏 불가능했던 연구가 가능해졌다.

나는 3장에서 최근 개복치의 생태 해명에 크게 공헌한 연구는 'DNA 분석'과 '바이오로깅'이라고 말한 바 있다. 이번 장에서는 바이오로깅의 등장으로 뒤집어진 통설 그리고 확실하게 밝혀진 생태 등을 이야기하고자 한다.

바이오로깅이란 'bio(생물)+logging(기록하다)'라는 의미로 2003년에 일본에서 만들어진 조어다. 기록계(데이터 로거)나 발신기를 몸에 부착할 수만 있다면 사람, 물고기, 새, 거북 등 무엇이든 대상이 될 수 있어서, '동물의 움직임을 탐구하는' 도구로 최근 주목받고 있다. 쉽게 예를 들어 동물의 등에 소형 비디오카메라를 달고, 그 동물이 어디에 가서 무엇을 하는지 촬영해오는 것과 같다고 할 수 있다.

2000년대 이후로 개복치 연구에도 이 방법이 활발하게 쓰이면서, 개복치는 '사실 빠른 속도로 헤엄친다', '깊은 곳까지 잠수할 수 있다', '계절에 따라 회유한다'는 것 등이 드러났다.

기록계는 점점 작아지고 새로운 기능을 탑재하여 시장에 속속 등장하고 있다. 개복치는 몸이 크고 돌고래에게 부딪힌 후에도 수면에 둥둥 떠다닐 만큼 얌전해 새로운 기록계를 시험하기에 안성맞춤이다. 그래서 점점 바이오로깅 모델 생물(관찰하기 수월해 연구에 잘 쓰이는 생물)이 되어가고 있다(이 장 표지 사진).

바이오로깅은 한 번에 많은 정보가 들어오는 만큼 고작 두세 개체로부터 얻은 데이터라도 논문으로 충분히 발표 가능하다. 그래서 다른 생태 분야의 연구자들이 "기계에 너무 의존하는 것 아니야?"라든지 "누워서 입만 쩍 벌리고 있으면 정보가 알아서 뚝 떨어지니 참 편하겠어." 하고 비판적인 시선을 보내기도 한다.

내 연구도 원래는 많은 개복치를 모아야 하기에, 몇 개체의 데이터만 가지고도 논문을 쓸 수 있다는 것은 솔직히 부러운 것이 사실이다(…). 하지만 세상에 편한 연구란 없다. 연구 분야마다 그 나름의 고충이 있기 마련이다.

바이오로깅의 경우는 일단 기록계가 비싸다(하나에 수십만~백만 엔이나 한다)는 점을 들 수 있다. 위성을 경유해서 데이터를 얻는 방법도 있지만, 송신할 수 있는 데이터 용량에 한계가 있기 때문에 상세한 데이터를 얻으려면 동물의 몸에 부착한 기록계 본체를 회수해야 한다.

자연으로 돌려보낸 동물을 다시 붙잡는 게 얼마나 어려운지 상상이 가는가? 만에 하나 회수에 실패하면 데이터를 얻지 못하는 것도 모자라 비싼 기록계까지 잃어버려 연구를 계속해 나가는 데 커다란 지장이 생긴다. 몇 개체만으로도 논문을 쓸 수 있는 이유는 얻은 데이터가 그만큼 귀중하기 때문이다.

바이오로깅은 살아 있는 개체가 대상이므로 죽은 개체를 대상으로 하는 내 연구와는 다르다. 하지만 두 가지 모두 중요하며, 최상의 시나리오는 두 관찰 방식을 조합하는 것이다. 지금까지 축적된 해부학적 지식과 새로 얻은 바이오로깅의 정보를 합한다면 지금까지 풀지 못했던 수수께끼의 답을 찾을 수 있을지도 모른다.

나는 직접 바이오로깅 연구를 해본 적은 없지만 샘플링 중에 간접적으로 그 연구를 접할 기회가 있었다. 지금부터 그때 이야기를 살짝 공유해보고자 한다.

 바이오로깅 움직이면서 보는 새로운 관찰 방식

토픽⑦ 분류학자 vs. 생태학자

같은 생태 분야라도 바이오로깅을 비판적으로 보는 시각이 있다고 앞에서 말했다. 어느 업계에나 파벌은 존재하는 법이어서, 나야 분류학과 생태학을 넘나들며 연구하고 있지만 분류학자와 생태학자의 사이가 썩 좋지 않다는 이야기를 많이 들었다.

역사를 중요시하는 분류학자는 학명을 더 적절하게 바꾸는 것이 큰 연구 성과이다. 반면 생태학자는 연구 대상의 학명이 바뀌면 종을 새로 특정해야 하고 정보와 문헌도 재검토해야 하기 때문에 입장이 무척 난처해진다. 생태학자는 분류학자에게 "학명을 자꾸 변경하지 마요." 하고 불평하고 싶어질 테고, 그러면 분류학자는 생태학자에게 "다른 종을 혼동하면서 계속 생태를 알아보는 게 무슨 의미가 있죠?" 하고 반발하고 싶어질 테니, 양측의 골이 깊어질 수밖에.

그럴 바에야 특정 분류군에 초점을 맞추고 분류에서 생태까지 한꺼번에 연구하는 것이 합리적이므로, 나는 두 분야를 아우르는 '분류생태학'이라는 시점에서 연구를 계속 해나갈 생각이다.

2. 의문에서 출발하는 연구

내 개복치 사랑은 남들이 보기에 기이할 정도인지, 샘플링 등을 함께했던 사람들 사이에서 내가 자주 화젯거리로 오르는 모양이다.

도쿄 대학의 사토 가츠후미(佐藤克文) 교수가 쓴 바이오로깅 관련 서적『거대 익룡은 날았을까ー스케일과 행동의 동물학(巨大翼竜は飛べたのかースケールと行動の動物学)』(2011, 平凡社)과 국립 극지 연구소 준교수 와타나베 유키(渡辺佑基) 씨의『펭귄의 사생활(ペンギンが教えてくれた物理の話)』(2017, 니케북스)에도 내가 살짝 등장한다. 내가 간접적으로 접한 바이오로깅은 바로 이 유키 씨가 하는 연구다.

때는 2007년 6월. 내가 대학원에 들어가 괴로워하면서 본격적으로 개복치 연구를 시작하던 시기다. 당시에 나는 이와테현 오쓰치초에 있는 도쿄대 해양연구소(현 도쿄 대학교 대기 해양 연구소)의 국제연안해양연구센터에서 샘플링을 시작하려던 참이었다.

유키 씨는 도쿄 대학에서 박사 후 과정 연구원으로 나처럼 개복치 연구를 막 시작하던 시점이었다. 2006년 여름, 요시타 씨의 샘플링에 동행했을 때 이 센터에서 유키 씨와 만났기 때문에 이미 면식이 있었다. 연구의 방향성은 달라도 어쨌든 연구 대상이 같으니 함께 조사하게 되는 것은 필연이었다.

나는 개복치의 형태와 변이에 흥미가 있었던 반면 유키 씨는 개복치가 그 생김새로 어떻게 헤엄치는지에 관심이 있었다.

유키 씨가 개복치에 대해 갖고 있던 의문은 '부레가 없는데 어떻게 부력을 얻을까?', '꼬리지느러미가 없는데 어떻게 헤엄칠까?', '실제 유영 속도는?'이었다. 이처럼 '왜?' 하고 궁금해하는 것이야말로 연구의 첫걸음이며, 때로는 훗날 대단한 발견으로 이어지기도 한다.

 대수롭지 않은 의문이 대발견으로 인도해 주네

3. 부력은 어디에서 얻을까?

유키 씨는 '어떻게 부력을 얻을까?' 하는 의문부터 풀기 시작했다. 우선 바닷물을 가득 채운 거대 원형 수조에 개복치를 통째로 넣고 물에 뜨는지 가라앉는지 관찰해보았다(그림4-1). 둘이서 낑낑대며 개복치를 겨우 수조에 넣자 의외로 개복치는 바닥에 가라앉지 않고 수조 중간 정도 지점에서 두둥 몸이 떴다. 이는 부레를 대신하는 부력이 몸속 어딘가에 있음을 의미한다.

다음으로 개복치의 뼈, 근육, 지느러미, 간, 대장 등을 해체한 다음 부위 별로 다시 바

[그림4-1] 유키 씨의 "개복치" 부력 실험

닷물 수조에 넣어보았다. 그러자 간과 젤라틴질 피하 조직이 바닷물에 떴다. 요컨대 개복치는 부레 대신 간과 젤라틴질 피하 조직에서 부력을 얻는 것이었다. 몸에 비해 간이 작기 때문에 대부분의 부력은 젤라틴질 피하 조직에서 얻는다고 볼 수 있었다.

개복치가 젤라틴질 피하 조직에서 부력을 얻는 이유는 수압의 영향을 받지 않고 안정적으로 부력을 유지한 채로 물속을 자유롭게 상하 이동이 가능하기 때문인 듯하다.

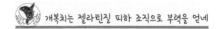
개복치는 젤라틴질 피하 조직으로 부력을 얻네

4. 꼬리지느러미 없이 어떻게 헤엄칠까?

이어서 유키 씨는 '어류는 보통 꼬리지느러미를 움직여 헤엄치는데 개복치는 꼬리지느러미도 없이 어떻게 헤엄칠까?' 하는 의문 해결에 돌입했다.

방식은 이렇다. 어부의 도움을 받아 붙잡은 개복치에 기록계와 발신기 세트를 부착한 다음 다시 바다로 돌려보낸다. 그리고 몇 시간 후 기록계와 발신기가 개복치에게서 떨어질 시간이 되면 센터에서 배를 내보내 바다 위에 떠 있는 기록계와 발신기를 전파 수신기로 찾아 회수한다(이 장 표지 사진).

바이오로깅 연구자는 기록계를 회수할 때 '혹시라도 잃어

버리면 어쩌지?' 하는 압박 때문에 마음이 굉장히 불안해진다. 하지만 유키 씨는 개복치 세 개체(총 길이 1m 전후)에 달아둔 기록계를 모두 무사히 회수했다.

그리고 데이터를 분석한 결과 의외의 사실이 드러났다. 개복치의 유영 패턴이 무려 펭귄과 일치했던 것이다! '양 날개를 위아래로 흔드는' 중인 펭귄의 몸을 90도 만큼 돌리면 정확히 개복치가 '위아래 지느러미를 좌우로 흔드는' 동작이 된다(그림 4-2).

새와 물고기가 같은 유영 방법을 쓰다니 놀랍지 않은가? 내 홈페이지 '소개복치도 펭귄의 친척입니다(ウシマンボウもペンギンの仲間です)'라는 이름도 개복치와 펭귄이 같은 방식으로 유영하는 데서 유래했다. 또, 개복치를 해부했더니 상하 지느러미(등지느러미와 뒷지느러미)를 움직이는 각 근육이 서로 형태가 다른데도 불구하고 근육량이 거의 같았다.

1장에서도 말했듯 개복치는 등지느러미와 뒷지느러미를 움직이는 근육이 발달했는데, 이 두 지느러미를 계속 좌우로

〔그림4-2〕 개복치를 90°돌리면 헤엄 방식이 펭귄과 같다

움직여 추진력을 얻는다(정확히는 좌우로 흔들 뿐 아니라 지느러미의 면을 살짝 기울이기도 한다). 이것이 바로 개복치가 꼬리지느러미 없이 헤엄칠 수 있는 이유다.

여기서 또 하나, 개복치의 유영기관은 다른 생물에 비해 특이한 점이 있는데 눈치챘는가? 일반적으로 날개 혹은 지느러미를 가진 생물은 해부학적으로 같은 기관을 사용해 헤엄친다. 하지만 개복치는 '등지느러미와 뒷지느러미(사람으로 말하면 배와 등)'라는 해부학적으로 전혀 다른 기관을 동시에 움직여 헤엄친다. 이렇게 다른 기관을 한 쌍의 날개로 사용하는 생물은 개복치를 포함한 복어 종류와 실러캔스 이외에는 알려져 있지 않다.

참고로 추진력에 쓰이는 배지느러미와 뒷지느러미 이외에 키지느러미는 방향 전환, 가슴지느러미는 좌우 균형 조절과 제동 및 후진 역할을 맡고 있다.

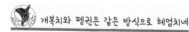 개복치와 펭귄은 같은 방식으로 헤엄치네

5. 개복치는 정말로 느릿느릿할까?

유키 씨는 마지막으로 '유영 속도는 얼마나 될까?'라는 의문에 덤벼들었다. 앞에서 말한 세 개체에서 얻은 개복치의 평균 유영 속도는 시속 약 $2.2km$(초속 약 $0.6m$). 육지에서 달리는 것을 생각하면 몹시 느린 것 같지만, 수영장에서는 육지에서처럼 달

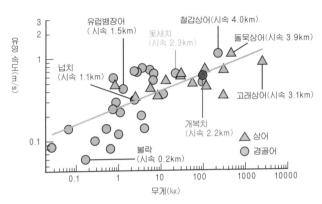

[그림4-3] 개복치와 다른 어류의 유영 속도 비교. 초속을 시속으로 환산한 다른 어종들도 표시했다(소수점 둘째 자리에서 반올림).

릴 수 없다는 사실을 떠올리면 단순히 느리다고 말하기 힘들다는 것을 알리라.

그리고 다른 어류와 비교한 결과 개복치는 바다의 중간층에서 헤엄치고, 돛새치(시속 2.3㎞)나 일부 상어와 같은 유영 속도를 낼 수 있다는 사실이 드러났다(그림4-3). 개복치는 느릿느릿한 이미지가 있지만, 개복치보다 느린 물고기는 얼마든지 있다.

또 해양 동물은 같은 체온을 가진 그룹 내에서는 몸이 클수록 몸을 움직이는 대사에너지가 물의 저항보다 커서 빠른 속도로 헤엄칠 수 있다는 사실은 이미 밝혀진 바다. 개복치도 이법칙에 따라 성장하면서 점점 유영 속도가 빨라진다.

지금까지 기록된 개복치의 최대 속도는 평상시의 약 4배에 달하는 시속 8.6㎞다. 그럼 세계기록을 가진 수영선수와 비교하면 어떨까?

2017년 7월 현재 일본 수영 연맹 홈페이지에 올라온 $50m$ 자유형 세계 기록(남자 단거리 종목)은 프랑스의 플로랑 마노두 선수가 낸 20.26초다(이 기록은 2018년 11월까지 깨지지 않았다.―옮긴이). 초속으로 바꾸면 $2.47m$, 시속으로 변환하면 $8.9km$가 된다.

이 비교에서는 수영선수 쪽이 더 빠르지만, 아마 실제로는 대형 개복치의 속도가 조금 더 빠를 것이다.

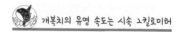
개복치의 유영 속도는 시속 2킬로미터

6. 동일본대지진에도 지지 않고

사실 유키 씨가 밝혀낸 '젤라틴질 피하 조직에서 부력을 얻는다는 사실', '유영 속도', '유영 방법'은 1960~1970년대에 일본 수족관 직원이 사육한 개복치를 관찰한 결과를 통해 이미 알려져 있었다. 단지 유키 씨는 그동안 묻혀 있던 지식을 들추어 바이오로깅이라는 새로운 방법을 써서 얻은 과학적 정보를 세계에 알렸고, 그리하여 전 세계의 사람들이 이러한 지식들을 알 수 있게 되었다.

유키 씨가 살아 있는 개체는 바이오로깅, 죽은 개체는 해부하는 방법으로 얻은 정보들을 모두 조합해 연구했듯이 생물의 생태를 밝혀내기 위해서는 다양한 시점으로 접근하는 것이 중요하다.

유키 씨와는 1년 정도 함께 샘플링을 했다. 술에 잔뜩 취한 유키 씨에게 "레드와인이에요." 하면서 맛간장을 먹이기도 하고, 유키 씨의 결혼식 때는 깜짝 이벤트로 개복치 건어물을 선물하기도 하는 등 짓궂은 장난도 칠 만큼 가까운 사이가 되었다. 내 연구도 그렇고 바이오로깅 연구도 유키 씨가 많이 공헌해주어 고맙게 생각한다.

요시타 씨, 유키 씨와 함께 개복치 연구를 하러 찾았던 추억의 이와테현 오쓰치초 현장은 2011년 3월 11일 동일본대지진이 일어나 막대한 피해를 입었다(그림4-4). 지진이 일어났을 때 나는 대학 연구실에 있었고 히로시마는 아무런 영향도 받지 않았기 때문에 뉴스로 소식을 접하고는 몹시 놀랐다. 센터는 바다 바로 앞에 있어서 해일까지 덮쳤을 가능성이 높았기에 곧바로 지인에게 문자를 보냈는데…답장이 전혀 오지 않아 며칠을 불안에 떨어야 했다.

천만다행히 센터 지인들은 그때 해외 학회에 나가 있어서 목숨을 건질 수 있었다. 그들은 일본에 돌아오고 나니 갑자기 살던 집이 사라져 까무러치게 놀랐다고 했다.

혼란이 어느 정도 가라앉은 같은 해 10월, 추억의 고장을 다시 방문하고 받은 나의 첫 느낌은 '마을이 통째로 사라졌다'였다. 직원을 만나 이야기를 들어보니, 오쓰치초는 아직 어업 활동을 할 수 없지만 이와테현의 다른 지역은 어업을 재개한 곳도 몇몇 있다고 해서 곧비로 그곳으로 향했다. 그러자 지금까지 해왔던 대로 어업을 정상적으로 하고 있었고 개복치도 예년처럼 잡혔다. 지진이 일어났는데도 평소와 다름없이 회유해

[그림4-4] 추억의 이와테 현 오쓰치 초 연구센터. 지진이 일어나기 전인 2009년 10월에 촬영한 사진(왼쪽)과. 지진 후 2011년 10월에 촬영한 사진(오른쪽). 인형극 '훗코리 효탄 섬(ひょっこりひょうたん島)'의 모델이 되었던 사진 속 섬과 연결된 다리와 앞쪽 나무가 소실되었다.

온 개복치를 보자 왠지 살짝 마음이 놓였다.

동일본대지진의 영향은 내 논문에도 새겨져 있다. 당시 참고했던 웹사이트가 지진 때문에 더는 접속되지 않았지만, 논문은 무사히 출판되었다.

그로부터 6년이 지난 지금까지도 지진의 흔적은 여전히 남아 있지만, 센터에서는 지진에 굴하지 않은 연구자들의 열정 덕분에 속속 새로운 연구 결과가 전 세계에 발표되고 있다.

 재난에도 굴하지 않는 의지의 연구자들

7. 바이오로깅이 풀어낸 수수께끼

이제는 개복치 바이오로깅 연구가 세계적으로 이루어지면서 연이어 새로운 견해가 발표되고 있다. 그 성과를 몇 가지 소개해보겠다.

1) 몸의 회전

개복치는 다른 물고기보다 몸을 잘 돌릴 수 있다. 수족관에서 평소에 헤엄치고 있는 상태를 0도라고 하면 수면에 몸을 눕힌 상태는 90도. 또 자세한 이유는 아직 밝혀지지 않았지만 개복치는 수면으로 상승할 때 몸을 오른쪽으로 기울이고, 반대로 바다 아래로 하강할 때는 몸을 왼쪽으로 기울이는 경향이 있다.

2) 심도

개복치는 바다 위에 둥둥 떠 있는 이미지가 강하지만, 소화기관 속 내용물과 독특한 형태 때문에 일부 연구자들은 심해까지 잠수할 수 있을지도 모른다고 생각했다. 심해란 일반적으로 햇빛이 미치지 않는 '200m보다 더 깊은 수심'을 말하는데, 명확한 정의는 아직 내려지지 않았다. 지금까지 가장 깊이 잠수한 기록은 북대서양의 개복치로 심도 844m이다. 개복치가 깊이 잠수할 수 있는 이유는 아마도 먹이를 잡아먹기 위해서인 듯하다.

3) 수온

온도는 동물의 행동에 큰 영향을 주는 환경 요인 중 하나이다. 지금까지 기록된 개복치의 경험 수온은 2도(심해)~30도(수면)이다. 하지만 체재 시간이 긴 수온대는 15도 전후(10~20도)다.

참고로 내 연구(3장)로 알게 된 "개복치"의 출현 빈도가 높았던 수온은 16~19도 범위로 경험 수온과 거의 일치했고, 1년 이상 개복치를 사육한 수족관의 사육 평균 온도는 18도 전후였다. 개복치는 온대나 열대에 넓게 분포하고 있으므로 따뜻한 수온을 선호한다고 생각하기 쉬운데, 사실 개복치가 좋아하는 수온은 의외로 낮은 셈이다.

4) 일주성

개복치는 낮과 밤에 따라 행동이 크게 달라진다는 사실도 밝혀졌다. 낮에는 수면에 둥둥 떠다니거나 심해까지 깊이 잠수하는 등 격한 상하운동을 하는 반면, 밤에는 상하운동을 거의 하지 않고 얕은 심도를 떠돈다.

일반적으로 해파리 등 젤라틴질 동물 플랑크톤은 낮에는 깊은 곳, 밤에는 얕은 곳으로 일주성 수직 이동을 하기 때문에 그들을 먹이로 하는 개복치 역시 먹이를 찾아 수직 이동하는 것으로 추측하고 있다. 과연 그럴지도 모르겠다. 하지만 나는 개복치가 밤에 별로 움직이지 않는 이유가 '자고 있기 때문'이라고 추측한다.

야행성이 아닌 물고기는 밤에 별로 움직이지 않는다. 항상 쉬지 않고 헤엄치는 가다랑어조차 밤에는 속도를 낮춘다는 사실이 드러났는데, 이것이 가다랑어의 수면이라고 보는 사람도 있다. 그렇게 생각하면 개복치가 밤에 별로 움직이지 않는 것은 '수면'에 해당하지 않을까?

 개복치 한밤의 표류는 잠자기 때문일까

토픽⑧ 　*물고기도 잠을 잔다*

개복치가 낮과 밤에 행동이 달라진다고 이야기했는데, 사실 이러한 현상은 많은 물고기에게서 확인되어서 물고기도 잠을 잔다고 추측하고 있다. 수면 시에 몸의 색깔이 달라진다거나 모래 속으로 파고든다거나 점액질을 분비하여 침낭을 만드는 등 어종에 따라 다양한 방식으로 잠을 잔다.

연구실에서 키우던 개복치와 같은 복어목 그물코쥐치와 롱노즈 파일피쉬(Oxymonacanthus longirostris)에게서 흥미로운 잠버릇을 관찰했기에 소개해보겠다.

원래 그물코쥐치는 몸이 물에 떠내려가지 않도록 해초 등을 물고 자는 습성이 있는데, 수조에서는 펌프에 달라붙어 자는 모습이 관찰되었다. 그리고 원래 뿔처럼 생긴 제1등지느러미를 세워서 산호가지 사이에 몸을 고정시켜 자는 습성이 있는 롱노즈 파일피쉬는 수조에서는 수조 벽과 수온계 사이의 절묘한 위치에 몸을 고정하고 잤다(그림4-5).

[그림4-5] 수조 펌프에 달라붙어 자는 그물코쥐치와 제1등지느러미를 세워서 수조 벽과 수온계 사이에 고정시켜 자는 롱노즈 파일피쉬

수조에서도 물고기의 자는 모습을 관찰할 수 있는 것은 자유연구의 장점이라 하겠다.

8. 낮잠의 수수께끼

개복치는 수면에 몸을 둥둥 띄우는 행동을 보이는데(권두 '개복치 무엇이든 박물관 ④'참조), 일본에서는 속칭 '낮잠', 외국에서는 '일광욕'이라고 부른다. 개복치의 영문명인 오션 선피쉬는 개복치가 바다 위에서 일광욕하고 있는 것처럼 보이는 데에서 유래했다. 나는 '낮잠'이라고 부르는데, 앞에서 말했던 개복치가 밤에 자는 것이나 인간의 낮잠과는 전혀 별개의 행위다.

개복치가 낮잠을 자는 이유로 '몸 상태가 나빠서, 반죽음', '먹은 음식물의 소화 속도를 높이려고', '바다새가 몸에 붙은 외부기생충을 잡아먹게 하려고', '먹이를 찾기 위해 위에서 내려다보는 중', '심해로 잠수하면서 차가워졌던 몸을 다시 따뜻하게 데우려고' 등의 가설이 나왔다. 이 낮잠의 수수께끼 역시 바이오로깅으로 해명되는 과정이며, 최근 들어 이 중 두 가지 가설이 실제로 증명되었다.

첫 번째는 '바다새가 몸에 붙은 외부기생충을 잡아먹게 하려고'라는 가설이다. 개복치가 표층에 있을 때 그 근처에 바다새도 있는 경우가 있다(그림4-6). 바다새는 낮잠 자는 중인 개복치에게 다가가 부리로 개복치를 쪼면서 몸에 붙은 기생충을 잡아먹어준다. 옛날부터 알려진 견해지만 영상으로 기록된 것

〔그림4-6〕 "개복치" 근처에 있는 검은눈썹알바트로스

은 아주 최근의 일이다.

두 번째는 '심해로 잠수하면서 차가워졌던 몸을 다시 따뜻하게 데우려고'라는 가설이다. 개복치의 체온 측정에 성공한 나카무라 이쓰미(연구 당시에는 도쿄 대학 대기해양연구소 소속이었다가, 지진 후에 센터에서 연구하기 시작했다) 등의 연구를 통해, 개복치는 잠수하다가 어느 정도 체온이 내려가면 다시 해수면으로 돌아가는데, 물에 둥둥 떠 있는 동안 내려갔던 체온이 다시 올라온다는 사실이 확인되었다.

왜 해수면으로 돌아가야 하는 걸까? 그것은 개복치가 일정 체온을 유지하지 못하고, 주변 수온의 영향을 크게 받기 쉬운 '변온동물'이기 때문이다.

실증된 두 가지 가설. 어느 쪽이 더 개복치의 낮잠 행위 설명에 어울리는지 나도 나름대로 생각해 보았다. 어쩌면 기나긴 진화 과정 속에서 우선 체온을 회복시키려고 낮잠을 자게 되었는데, 그때 물에 둥둥 떠 있는 개복치의 몸에서 먹잇감을 발견한 바다새가 기생충을 잡아주게 되었던 것은 아닐까? 그러니까 개복치가 낮잠을 자는 진짜 목적은 체온 회복에 있고, 바다새가 개복치의 기생충을 잡아주게 된 것은 그 과정에서 일어나는 것 아닌가 하는 생각이다. 왜냐하면 개복치는 청소어(청줄청소놀래기 등 다른 물고기의 몸에 붙어 있는 기생충을 먹고 청소해 주는 물고기)에게 외부 기생충을 제공하므로 바다새가 반드시 필요하지는 않기 때문이다.

한편 자외선으로 살균(기생충 구제)하려고 낮잠을 잔다는 주장도 있는데 물고기인 개복치가 선탠이라니, 그건 자살이나 다름없는 행동이니 낭설에 불과하리라.

 수면 위에서 몸을 따뜻하게 데우고 다시 심해로

9. 회유의 수수께끼

개복치는 오랜 시간 동안 '플랑크톤(해류를 거슬러 헤엄치는 것이 불가능한 생물)' 같은 물고기로 여겨져 왔기 때문에 회유하지 않을 것이라 생각하는 사람이 많다. '회유'란 성장이나 환경 변화에 따라 이동하는 것, 계절에 따라 이동하는 것을 말한다.

개복치의 생활사는 대부분 베일에 가려져 있어서 성장하면서 회유 방식이 어떻게 달라지는지는 아직 밝혀지지 않았지만, 지금까지 모은 문헌 정보를 기반으로 추측해보면, 장어처럼 열대 해역에서 산란한 다음 치어가 해류를 타고 아열대~온대 해역으로 이동해서 성장하는 듯하다.

하지만 수족관에 있는 개복치의 형태로 성장한 후에는 어떻게 이동하는지 그 정보가 조금씩 축적되고 있다. 단기적으로는 한 지점에서 복수 개체를 방류한 개복치가 제각기 자유롭게 원하는 방향으로 이동하는 모습이 확인되었다. 바다에서 만난 개복치가 한 마리뿐일 때가 많은 것은 그런 이유 때문이리라.

그런데 장기적으로는 이동이 계절의 영향을 받는다는 사실이 밝혀졌다. 일본 근해에서의 예를 들어보자. 지바현에서 방류한 개복치는 여름이 되면 북상하고 일정 기간 동안 산리쿠 앞바다에 머물다가 겨울이 다가오면 다시 일본 연안을 남하하는 경향이 관찰되었다. 여름에는 북상하고 겨울이면 남하하는 계절성 이동은 다른 해역에서도 확인된다. 단기적으로 보면 제각각 이동하지만 장기적으로는 같은 방향으로 이동하기 때문에 폭풍우나 해류를 만나도 꺾이지 않고, 회유하는 과정에서 동료들과 만나 무리를 이루기도 하고 헤어져 외톨이가 되기도 하는 것이리라.

또한, 흥미롭게도 일본 연안을 떠나 태평양 한복판으로 이동하는 개체도 확인되고 있다. 왜 '연안 해역에 머무르는 개체'와 '머나먼 바다로 떠나는 개체'가 있는지는 알 수 없는데, 아무래도 개복치는 우리가 상상하는 것 이상으로 복잡한 회유 양식을 가지고 있는 듯하다.

 여름에는 북쪽 겨울에는 남쪽으로 회유한다네

5장.
너도나도 알고 싶은
최신 개복치 생태 정보

개복치속의
치어

저자의 요로결석

1. 천적·포식자

이번 장에서는 2장 설문조사로 받은 의견 중 특히 많았던 질문에 대해 좀 더 자세히 이야기해 보려 한다. 먼저 천적—포식자다. '포식'이란 무엇을 먹는 행위이며, 반대로 먹히는 것은 '피식'이라고 한다.

자연계에는 개복치의 포식자가 아주 많다. 치어 때부터 생각하면 다랑어, 상어, 돛새치과, 범고래, 바다사자 등 바다에 있는 육식성 생물들이 전부 개복치의 포식자가 될 수 있으리라. 하지만 무엇보다 최대의 천적은 개복치를 멸종위기종으로 내몬 우리 인간들이다.

또한, 개복치는 공격받았을 때 천적으로부터 몸을 피하는 모습은 보여도 반격하는 행동은 확인되지 않았다. 그리고 범고래와 돌고래는 낮잠 중인 개복치에게 몸을 부딪치며 논다는 사실이 알려져 있다. 나 역시 이와테현에서 낫돌고래가 낮잠 중인 개복치에게 몸을 부딪친 후 유유히 자리를 떠나는 모습을 목격한 적이 있다.

 개복치의 가장 큰 적은 바로 우리 인간이라네

2. 섭취·식성

이번에는 개복치가 포식자일 때의 이야기다. 개복치는 일반적

〔그림5-1〕 '개복치'의 소화기관 내용물

으로 해파리 같은 젤라틴질 동물성 플랑크톤만 먹는다고 알려져 있다. 하지만 실제로는 좀 더 폭넓은 식성을 가지고 있는데, 소화기관 속 내용물로 작은 물고기, 갑각류, 연체동물, 부유성 패류 등도 발견되었다(그림5-1). 커다란 개복치가 개복치 치어를 먹는다는 이른바 '동족상잔' 이야기도 있다.

또 소형 개체는 주로 갑각류를 먹고 대형 개체는 해파리 같은 생물을 먹는다는, 그러니까 성장하면서 식성이 변할 가능성도 시사되고 있다. 하지만 식성을 조사하려면 온전한 개체를 통째로 입수해서 해부해야 하는 만큼, 아직 제대로 된 연구는 이루어지지 못했다. 참고로 수족관에서는 새우, 굴, 오징어를 믹서에 한 데 갈아 뭉쳐서 먹이로 공급하는 곳이 많다고 한다.

섭취 방법은 '빨아들이는 방식'으로(그림5-2), 갉아먹은 뒤 토해낼 때도 있지만 사람처럼 우물우물 씹어 먹지는 않는다. 또, 수면에서 물을 내뱉으면 물이 물대포처럼 날아간다(그림5-3).

내가 조사했을 때는 새의 깃털, 비닐봉지, 정치망 그물 파편, 담배, 벌 등이 소화기관 내용물로 나온 적도 있었다. 바닷속 혹은 물 위에 떠다니던 것을 개복치가 빨아들였던 것 같다. 어획한 순간에는 살아 있었기 때문에 이러한 것들을 먹는 바람에 죽은 것이 아니고, 만약 계속 살아 있었다면 그대로 똥으

 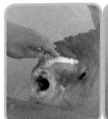 

〔그림5-2〕해파리를 빨아들이는 "개복치"

〔그림5-3〕물을 빨아들이는 "개복치"(왼쪽). 물을 물대포처럼 내뿜는 "개복치"(오른쪽)

로 배출되었으리라고 생각한다.

개복치의 인두치는 뾰족한 빗 모양이다(그림1-30, +5쪽). 해파리를 빨아들인 후 이 인두치로 마치 묵을 쥐어짜듯 절단한다고 하는데, 내가 조사한 바로는 해파리가 거의 생채기 하나 없이 소화기관 내용물로 나온 경우가 꽤 된다. 이 빗 모양의 인두치가 어떤 역할을 하는지 다시 생각해 볼 여지가 있다.

 개복치의 먹이는 생각보다 다양할지도 모른다네

3. 기생과 공생

'먹고 먹히는' 관계는 개복치의 몸에서도 일어난다. 개복치에 기생하는 기생충은 50종이 넘는 것으로 알려져 있다(그림5-4). 기생이란 '한쪽에게만 이익이 있고 다른 한쪽에게는 손해만 있는 상태'다. 기생은 공생에 속하는데, 공생은 '서로 다른 생물

Pennella sp.
(기생 부위: 피부)

Orthagoriscicola muricatus
(기생 부위: 피부)

Capsala martinieri
(기생 부위: 피부)

Anchistrocephalus microcephalus
(기생 부위: 소화기관)

[그림5-4] "개복치" 기생충의 예

이 어떠한 상호관계를 가지면서 함께 생활하는 상태'로 그중에서도 특히 서로에게 이익인 관계를 상리공생이라 한다.

개복치는 몸에 달라붙은 기생충을 바다새와 다른 물고기에게 제공해서 성가신 기생충을 없애는 이익을 얻고, 바다새와 다른 물고기들은 기생충을 먹을 수 있는 이익을 얻는다. 이러한 상리공생은 특별히 '청소 공생'이라고 부른다. 원래 먹고 먹히는 관계인 물고기와 바다새 사이에 공생관계가 성립하다니 무척 흥미로운 현상이 아닐 수 없다.

개복치의 몸에는 기생충이 많다고 알고 있는 사람이 많은데, 아무래도 개복치에게 기생하는 기생충이 다른 기생충보다 커서 눈에 잘 띄기 때문에 그런 이미지가 생긴 듯하다.

기생충 중에는 '숙주 특이성'이라 하여 특정 생물에게만 기생하는 성질을 가진 기생충이 있는데 *Cecrops latreillii*와 *Orthagoriscicola muricatus*(그림5-4)가 개복치 전속 기생충으로 알려져 있다.

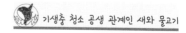

기생충 청소 공생 관계인 새와 물고기

기생 하면 기생충이 제일 먼저 떠오르는데, 실은 벌레가 아닌 기생생물도 있다. 개복치의 기생생물은 빨판상어이다. 덩치가 큰 개복치를 해부하면 아가미 속에 살아 있는 빨판상어가 들어 있을 때가 있는데(그림5-5), 이러한 현상이 세계 각지에서 보고되고 있다.

빨판상어는 평소에는 개복치의 몸 주변에 붙어 있는데, 아마도 개복치의 아가미로 배출되는 먹이찌꺼기를 받아먹는 과정에서 자기도 모르게 아가미구멍을 통해 아가미 속까지 들어갔다가 미처 빠져나오지 못하게 된 것이리라. 하지만 개복치의 입장에서 아가미에 들어간 빨판상어는 기생생물 그 이상도 그 이하도 아니다.

[그림5-5] 소개복치 아가미에 들어 있는 빨판상어

 빨판상어 개복치의 아가미에서 기생한다네

4. 분포지역

3장에서 말했듯 개복치속 3종의 구체적인 분포지역은 정보를 아직 더 모아야 하지만, 속 수준에서 경도(동서)로 살펴보면 지구의 3대 해양(태평양, 인도양, 대서양)에 고루 분포하고 있고 남극 대륙을 제외한 아시아, 유럽, 북아메리카, 남아메리카, 호주까지 5대륙 거의 모든 연안에서부터 하와이 등 먼바다까지 출현이 보고되고 있다.

위도(남북)로 봐도 태평양에서는 러시아와 알래스카에서부터 뉴질랜드까지, 대서양에서는 노르웨이와 캐나다에서부터 남아프리카와 아르헨티나까지, 즉 북극과 남극을 제외한 거의 전 세계 바다에서 출현이 확인되고 있다. 일본도 홋카이도에서 오키나와까지 전국 각지에서 나타난다. (이동우 외 "한국 주변해역에서의 개복치 어획현황"에 따르면 우리나라의 경우 주요 분포지역은 제주도와 동해안의 포항, 강구, 죽변, 동해, 주문진을 연결하는 해역으로 추정된다고 한다.—옮긴이)

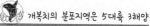
개복치의 분포지역은 5대륙 3해양

5. 성장 과정

어류의 일반적인 성장 단계는 다음과 같다.

①자어(larva): 부화 직후부터 각 지느러미가 정수에 이른다.

②치어(juvenile): 다른 종과 구별할 수 있을 만큼 형태적 특징이 드러나지만 신체 각 부위는 아직 발현 초기.

③약어(young): 종의 형태적 특징이 드러나지만 성어와 달리 이차성징은 나타나지 않음.

④미성어(immature): 형태적 특징은 성어에 가깝지만 생식 능력이 아직 완성되지 않았다.

⑤성어(adult): 종의 형태적 특징이 명확해지고, 생식 능력을

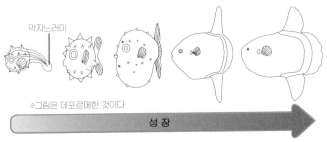

막지느러미

※그림은 데포르메한 것이다

성장

〔그림5-6〕두드러지게 변화하는 개복치속 성장 과정 이미지

갖추었다.

⑥노어·노성어(senescent): 생식 능력이 감퇴하고, 이마가 볼
록 튀어나오며 몸의 색깔과 반점이 희미해지는 등 노년 변
형된다.

그런데 개복치의 성장 단계는 보통 크기와 형태로 판단하
는 것이 현재까지의 추세다. 종에 따라 성장에 따른 형태 변화
는 다르지만, 3장에서 내 연구 이야기를 할 때 말했듯 개복치
속은 아직 분류학적 재검토가 한창 이루어지고 있는 중이어서
각 종의 성장 과정은 아직 분명하게 밝혀지지 않았다. 그래서
여기서 그림으로 나타낸 개복치의 성장 과정은 복수의 문헌을
참고해서 내가 임의로 그린 속 수준의 성장도이다(그림5-6).

부화한 개복치는 일반적인 물고기의 자어와 같은 형태이지
만 점점 크면서 몸이 뾰족뾰족해지고 그 뿔이 사라지면 세로로
길어지는 시기를 거쳐 일반적인 개복치의 형태가 되어간다. 사
어기에 있는 꼬리지느러미 같은 것은 '막지느러미'라고 하는데,
꼬리지느러미가 아니라 성장하면서 곧 사라진다.

치어기는 내 검지보다 작고 둥글고 뾰족뾰족한 느낌이, 마치 별사탕 과자 같다. 나는 박사 과정을 밟았을 때 몸에 돌이 생기는 병 때문에 두 번이나 수술을 받은 적이 있었는데, 그때 몸에서 나온 요로결석(이 장 표지 사진)이랑도…좀 비슷하지 않은가?

뾰족뾰족한 몸이 세로로 길어지며 어른 개복치로

6. 성숙·산란

개복치는 수족관에서 사육되고 있음에도 불구하고 사실은 성숙과 산란에 관한 지식이 거의 없다. 번식 행동과 성숙란도 전부 베일에 가려져 있다. 다만 치어는 먼바다에서 채집되고 있기 때문에 장어처럼 먼바다에서 산란하는 게 아닐까 혼자 추측해 본다.

조직학적 연구에서 개복치의 난소에 온갖 발달 단계의 난세포가 관찰되고 있으므로 한 번에 모든 알을 낳는 것이 아니라 수차례에 걸쳐서 산란하는 것으로 짐작된다. 신선할 때의 난소 안에서도 다양한 크기의 난세포를 볼 수 있다(권두 "개복치 무엇이든 박물관 ⑬" 참조).

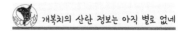

개복치의 산란 정보는 아직 별로 없네

7. 시야·시력

인간의 시야는 일반적으로 좌우 수평 시야가 최대 200도, 상하 수직 시야는 최대 125도다. 한편 총 길이 40~45㎝인 개복치는 수평 시야가 최대 330도, 수직 시야는 최대 80도로 추정된다.

개복치의 수평 시야가 인간보다 더 넓은 이유는 눈이 얼굴 옆에 달려 있기 때문이다. 그리고 개복치의 수직 시야가 인간보다 좁은 이유는 눈 윗부분이 볼록 튀어나와 위쪽 시야를 방해하기 때문이다. 그래서 개복치는 위에서 오는 공격에 약한 것으로 추측한다.

또 총 길이 40~45㎝인 개복치의 경우, 시력이 다 큰 상어 몇 마리에 필적한다. 물고기는 일반적으로 성장할수록 시력이 좋아진다. 비록 개복치가 수조 벽에 잘 부딪히기는 하지만 물고기 중에서는 결코 시력이 나쁘지 않다. 인간의 시력으로 변환하면 얼마인지는 잘 모르겠지만, 일반적인 물고기의 시력은 0.1~0.2 정도 되므로 수조 안에 있는 개복치는 우리의 모습을 어렴풋이 볼 수 있을 것이다.

참고로, 권두의 "개복치 무엇이든 박물관 ⑭"에서는 해부 때 깔끔하게 떼어내는 데 성공한 개복치 눈의 수정체를 소개하고 있다. 진짜 수정처럼 깨끗해서 감동적이었다

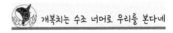 개복치는 수조 너머로 우리를 본다네

8. 무게·길이

개복치는 '세계에서 가장 무거운 경골어'로 현재까지도 기네스 세계 기록에 올라 있다. 뉴스 등에서 대형 개복치가 잡혀 화제가 되었다는 소식이 이따금 들리는데, 뉴스에 나오는 개복치의 몸무게는 대부분 추정치이다.

현재, 실제로 계량된 것 중 가장 무거운 개체는 1996년 8월 16일에 지바현 가모가와(鴨川) 바다 정치망에서 잡힌 개복치로 총 길이 272cm에 무게가 2,300kg에 달한다. 이렇게 경골어 중에서 가장 무거운 개체는 개복치라고 했지만, 사진을 봤을 때 내 눈에 그것은 소개복치로 보였다. 요컨대 '세계에서 가장 무거운 경골어는 소개복치'였던 것이다. 1t 이상 나가는 "개복치"도 확인된 바 있지만 그 한계가 어디까지인지는 아직 모른다.

길이에 대해서도 여러 가지 설이 있는데, 내가 아는 한 실제로 계측된 최대 길이는 일본 근해에서는 소개복치가 332cm, "개복치"는 277cm였다.

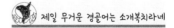 제일 무거운 경골어는 소개복치라네

6장.
개복치와 인간 사이의 역사

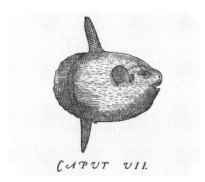

인류 역사상 가장 오래된 것으로 추정하는 1554년의 개복치 그림.
롱드레의 그림(위)과 살비아니의 그림(아래)

1. 개복치 무덤

지금부터는 개복치뿐 아니라 '개복치와 인간의 관계'까지 대상을 확대해서 이야기해보자.

개복치와 인간 사이의 역사는 몹시 오래되어 기원전까지 거슬러 올라간다. 미국의 채널 제도(Channel Islands)에 속한 샌클레멘테섬(San Clemente Island)의 일 포인트(Eel Point)와 산타카탈리나섬(Santa Catalina Island)의 리틀 하버(Little Harbor)에 있는 조개더미에서 개복치의 치골과 골판이 출토되었다. 개복치의 키지느러미 골판은 어류 뼈 전문가라도 아는 사람이 거의 없기 때문에 포유류의 뼈와 착각하는 등 오랜 시간 이 조개더미를 연구하는 고학자들을 괴롭혔다.

하지만 몇 번의 우연이 겹치고 그것이 개복치의 골판이라는 사실이 드러나자 이 지역에서 기원전부터 개복치를 잡아먹었을 가능성이 시사되었다. 기원전 3500년 전후(지금으로부터 약 5500년 전) 리틀 하버의 지층에서 1,300개의 개복치 골판이 출토된 기록이 있다. 그야말로 조개더미가 아니라 개복치 무덤인 셈이다.

거대한 개복치를 고대인이 어떤 식으로 포획했는지는 커다란 수수께끼인데, 아마 작살 등을 써서 찌르지 않았을까 싶다. 개복치는 서대해서 포획할 때 큰 위험도 따르지만 그만큼 고기가 많이 나오는 만큼 당시 몹시 귀중한 단백질원이었을 것이다.

 고대인들은 사실 개복치를 먹었다?

2. 인류 역사상 가장 오래된
개복치 기록과 그림

개복치는 유명한 역사 인물과도 연관이 있다. 16세기 박물학자들에 따르면 개복치에 관한 가장 오래된 기록은 '만학의 조상'이라 칭하는 고대 그리스 철학자 아리스토텔레스(Aristoteles, 기원전 384~기원전 322년)의 저서 『동물지』 제6권에 있다. 하지만 일본에 번역 출간된 『동물지 상·하』(島崎三郎訳, 1998~1999, 岩波文庫) 등에서 내용을 확인한 바로는 개복치라고 판단할 수 있는 기록은 없는 것 같다.

내가 확인한 가장 오래된 기록은 고대 로마 박물학자 대(大) 플리니우스(Gaius Plinius Secundus, 23?~79)가 77년에 발표한 저서 『박물지』 제32권이다. 이 책에는 대 플리니우스가 고대 그리스의 문법학자인 아피온에게 들은 이야기를 통해 '제일 큰 물고기는 라케다이몬인(현재 그리스의 스파르티 지방 사람들)이 오서고리스카스(オーサゴリスカス)라 부르던 물고기인데, 잡히면 돼지처럼 운다'라고 기록되어 있다. '오서고리스카스'는 돼지를 의미하며, 꿀꿀거리는 울음소리에서 유래했다.

'오서고리스카스'는 철갑상어와 돌고래를 가리킨다는 설도 있지만 개복치는 그리스를 포함한 지중해에도 넓게 분포하고 돼지처럼 우는 소리를 내기도 하기 때문에(인두치끼리 부딪치면서 나는 소리라고 하지만, 다른 복어처럼 위아래 이끼리 부딪치는 소리일지도 모른다. 어떻게 해서 그런 소리가 나는지 확실히 밝혀지지는 않았다), '오서고리스카스'는 개복치를 가리킨다고 생각한다.

또 이 책에서는 다른 이름으로 '제일 단단한 물고기는 오르비스로, 몸이 둥글고 비늘이 없으며 온몸이 머리'라는 기록도 있는데 이 역시 개복치의 특징과 일치한다('오르비스'는 복어 친척을 가리키는 듯하다). 여하튼 아리스토텔레스든 대 플리니우스든 인간이 개복치를 기록한 가장 오래된 지역은 지중해(유럽권)라는 사실은 변함이 없다.

대 플리니우스의 책에는 그림이 없기 때문에 철갑상어인지 돌고래인지 개복치인지는 정확하게 알 수 없다. 내가 확인한 범위에서 인류 역사상 가장 오래된 개복치 그림은 1554년이고 출판한 인물은 두 사람이 있다. 프랑스의 박물학자인 기욤 롱드레(Guillaume Rondelet, 1507~1566) 그리고 이탈리아의 박물학자 이폴리토 살비아니(Ippolito Salviani, 1514~1572)다. 누가 먼저 책을 냈는지는 모르지만 각자 다른 개복치 그림을 그렸다(이 장 표지 사진).

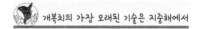

개복치의 가장 오래된 기술은 지중해에서

3. 학명의 어원

현재 일반적으로 쓰이는 개복치의 학명 *Mola mola*에서 mola는 라틴어로 '맷돌'을 뜻하는데, 16세기 당시 사람의 감성으로 '개복치의 둥그스름한 몸'을 맷돌에 비유한 데서 유래한다.

개복치를 최초로 mola라고 기록한 사람은 내가 알기로는 살비아니다. mola는 원래 마실리아(현재 프랑스의 마르세유) 지방에서 부르던 이름이다. 롱드레도 살비아니와 같은 내용을 책에 담았는데, 라틴어 mola가 아니라 프랑스어 mola로 기록했다. 또 두 사람의 책에는 개복치가 당시 라틴어로 rotae(수레바퀴)라고 불린 사실도 기록되어 있다.

학명 시스템을 보급시킨 린네 이후로 19세기 분류학자 사이에서 mola와 오서고리스카스는 개복치의 학명으로 사용되었지만 결국 끝에 가서는 mola로 정착되었다.

 개복치의 둥그스름한 몸은 맷돌을 닮았네

4. 일본에서 가장 오래된 개복치 기록과 그림

여기서부터는 일본에서의 이야기이다. 일본에서 가장 오래된 개복치 기술에 대해서는 많은 설이 있기 때문에 앞으로 자세하게 조사하고 싶은데, 현재까지 내가 확인한 바로는 1636년 출간된 작자불명의 『요리 이야기(料理物語)』가 현 시점에서 일본 최고의 기록이다.

개복치는 이 책의 바다어류 코너에 '우키키'로 표기되어 있다. 우키키는 개복치의 지방명이자 고어로, 한자로는 浮木라고 쓴다. 수면 위로 몸을 눕히는 습성(개복치의 낮잠)을 물 위에 둥둥 떠내려가는 유목에 비유한 것이다.

〔그림6-1〕 "화한
삼재도회"에 그려
진 개복치

개복치라는 이름이 일반화되기 전까지 서적에는 우키키로 쓰일 때가 많았는데 사실 이 단어는 나라 시대 720년에 완성한 『일본서기(日本書紀)』 25권에 '枯杏(고사)'라는 한자로 등장한다. 원문(海畔枯杏向東移去)을 해석하면 '해변에 있던 고사가 동쪽을 향해 흘러갔다'라고 할 수 있다.

일반적으로 '고사'는 '유목이나 뗏목 등 물에 떠 있는 목재'를 의미하는데, 여기 나오는 고사는 개복치를 가리키는 것으로 추측하는 연구자도 있다. 하지만 앞뒤 문맥까지 포함해서 보면 『일본서기』에 나오는 고사는 개복치가 아니라 정말 유목이나 뗏목을 가리키는 것 같다.

다음으로 일본에서 가장 오래된 개복치 그림도 알아보았다. 에도 시대의 의사였던 테라지마 료안(寺島良安)이 1713년에 쓴 백과사전 『화한삼재도회(和漢三才図会)』에 '우키키'와 '만호'라는 이름이 병기된 그림이 있는데, 이것은 아무리 눈을 씻고 봐도 가오리다(그림6-1).

현재 일본에서 발견된 제대로 된 개복치 그림 중에서는 이시마루 사다요시(石丸定良)가 1721년에 쓴 『비양기(備陽記)』(正宗文庫, 가인이자 국문학자 마사무네 아쓰오[正宗敦夫]가 자택 부지에 지은 문고)가 가장 오래된 것으로 판단된다. 이 책은 현지에서만 관람할 수 있는 귀중한 책이기에, 관리자에게 미리 연락하고 조사에 나섰다.

놀랍게도 『비양기』에 실린 개복치 그림은 입술이 붉은색, 몸 전체는 회청색이고 부분적으로 검은색이 섞여 있었으며 형태 역시 종을 식별할 수 있을 만큼 특징을 잘 포착했다(권두 "개복치 무엇이든 박물관" 참조).

원문의 한자를 해석해보면 그림은 오카야마현의 숭어잡이 그물에 걸린 길이 5척(총 길이 약 1.5*m*)짜리 개체로 머리가 볼록 튀어나오지 않았고 키지느러미 끄트머리가 물결 모양인 것으로 보아 "개복치"로 추정된다. 그러니까 적어도 에도시대 중기의 세토 내해(일본 혼슈 서부, 규슈, 시코쿠 사이의 바다)에는 "개복치"가 있었다는 사실을 알 수 있다.

 개복치의 가장 오래된 일본명은 우키키라네

토픽⑩ 개복치의 일본 지방명

일본에는 개복치에 다양한 지방명(방언)이 있다. 현재까지도 지방명으로 부르는 지역이 있긴 하지만 '개복치'라는 이름이 보급되었기 때문에 시간이 흐르면서 점차 지방명은 쓰지 않는 추세다. 내가 지금까지 찾아낸 '개복치 이외의 지방명 43개는 다음과 같다.

　　우오노타유ウォノタユゥ, 우키ウキ, 우키키ウキキ, 우키기ウキギ, 우키키사메ウキキサメ, 오키나オキナ, 오키만자이オキマンザイ, 카마부타カマブタ, 키나보キナボ, 키나보우キナボウ, 키난보キナンボ, 키난포キナンポ, 키낫포キナッポー, 키놋포キノッポー, 기나메ギナメ, 쿠이자메クイザメ, 사키자메サキザメ, 시오리카シオリカ, 시키리シキリ, 시키

레ｼｷﾚ, 시차ｼﾁｬー, 타유산ﾀﾕｳｻﾝ, 타유ﾀﾕー, 니나보ﾆﾅﾎﾞー, 바라바야ﾊﾞﾗﾊﾞﾔ, 바라바ﾊﾞﾗﾊﾞー, 바바라보우ﾊﾞﾊﾞﾗﾎﾞｳ, 바바라보ﾊﾞーﾊﾞﾗﾎﾞー, 혼만보ﾎﾝﾏﾝﾎﾞｳ, 만자이라쿠ﾏﾝｻﾞｲﾗｸ, 만하우ﾏﾝﾊｳ, 만부ﾏﾝﾌﾞ, 만푸ﾏﾝﾌﾟ, 만호ﾏﾝﾎｳ, 만보ﾏﾝﾎﾞ, 만보자메ﾏﾝﾎﾞｻﾞﾒ, 만보오ﾏﾝﾎﾞｵ, 만보로ﾏﾝﾎﾞﾛ, 난보자메ﾅﾝﾎﾞｳｻﾞﾒ, 유키카다ｭｷｶﾀﾞ, 유키나메ﾕｷﾅﾒ, 유키요ﾕｷﾖ, 요키요ﾖｷﾖ

또 내가 조사한 바로는 반 반바라반ﾊﾞﾝ·ﾊﾞﾝﾊﾞﾗﾊﾞﾝ(애히메현 미카메초), 쿠이사메 쿤샤메ｸｲｻﾒ·ｸﾝｼｬﾒ(도야마현 히미시), 쿠로만보ｸﾛﾏﾝﾎﾞｳ(오키나와현 나하시 도마리), 야스리만보ﾔｽﾘﾏﾝﾎﾞｳ(미에현 오와세시 쿠키초), 긴만보ｷﾞﾝﾏﾝﾎﾞｳ(산리쿠 지방) 등의 지방명도 있었다.

지방명은 유래를 잘 모르는 것이 많은데 이를테면 홋카이도에서 부르는 키나보/키나보우/키난보/키난포/키낫포/키놋포/기나메는 '나무 막대기'를 의미해서, 동북 지방에서 부르는 우키키의 유래와 똑같다.

또, 세토 내해 쪽 지역을 중심으로 한 바라바야/바라바/반/반바라반/바바라보우/바바라보는 개복치의 몸이 뿔뿔이 해체되기 쉬운(갈기갈기 찢어지기 쉬운) 점에 유래한 것으로 추측한다.

여러분이 사는 지역에서 개복치는 어떤 이름을 가지고 있는가?

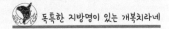 독특한 지방명이 있는 개복치라네

5. 개복치라는 이름이
   일본 전국에 퍼진 이유

1) 우키키 vs 만보

개복치는 일본 역사상 최초로는 '우키키'라는 이름으로 등장했다고 앞에서 말했다. 그런데 우키키라는 이름은 주로 동북 지방에서 관동까지 동일본에 한해서 쓰인 이름이다.

한편 '만보'(내용상 일본식 발음으로 번역했다.—옮긴이)라는 이름이 처음 일본 역사에 등장한 것은 에도 시대의 본초학자 가이바라 에키켄(貝原益軒, 1630~1714)이 1709년에 출간한 『대화본초(大和本草)』로 보인다. 『대화본초』에는 개복치를 가리키는 듯한 이름으로 보이는 '우키키' '설어(雪魚)'에 관한 기술도 있다.

당시에 '만보'라는 이름은 서남쪽 산요 지방(山陽)부터 동북에 걸친 넓은 범위에서 사용되었다. 하지만 서일본, 특히 오카야마현, 와카야마현, 미에현에서는 옛날부터 '만보'라고 불렀던 모양이어서 긴키 지방 주변이 그 이름의 발원지가 아닐까 하고 나는 추측하고 있다.

그런데 옛날에는 우키키라고 불렀고, 우키키와 만보가 함께 쓰이다가 후에 만보라는 이름으로 통일된 이유는 무엇일까? 나는 이에 대한 흥미로운 설을 찾아냈다.

어업사에 정통한 민속학자 시부사와 게이조(渋沢敬三, 1896~1963)는 1869~1937년 사이의 초등 교과서(초등학교 저학년 교과서)를 모아 총 1,449권에 실린 어류의 이름을 조사해서 표본 일본명으로 전국에 보급된 어류명과, 그동안 보급되지 않앚던 어류명의 관계를 연구하였다. 그에 따르면 1874년 교과서에는 개복치가 우키키로 표기되어 있었는데 1880년이 되면 만보로 바뀌게 되고 그 이후로는 쭉 만보라는 이름이 쓰여 왔다.

우키키를 만보로 변경한 이유는 잘 모르지만, 시대 흐름과 함께 만보라는 이름을 배운 아이들이 점점 늘어나면서 우키키라는 이름으로 배운 사람들보다 그 수가 많아지게 되었고, 결국에는 개복치의 표준 일본명이 우키키에서 만보로 바뀐 것이라고 추측된다.

 시간이 흐르면서 개복치의 일본명은 우키키에서 만보로

2) 닥터 개복치의 엔터테인먼트

한편 일본 최초의 개복치 사육은 1956년 교토 대학 세토임해실험소진흥회 수족관에서 50일 동안 사육한 기록일 것이다(참고로 세계 최초는 1919년 미국).

그런데 1950년대까지는 한 달 이상의 사육은 성공하지 못했고 개복치라는 물고기의 존재를 학교에서 배워도 실물을 볼 수 있는 건 기껏해야 어부 정도였다.

그런 비주류인 개복치를 유명하게 만든 인물이 바로 3장 마지막에 다루었던 작가 기타 모리오다.

기타 모리오가 1960년에 출간한 에세이 『닥터 개복치 항해기』는 당시 베스트셀러의 반열에 올랐다(그림6-2). 기타 모리오의 저서 때문에 개복치의 이름이 전국에 보급된 1960년대는 전국 각지의 수족관에서 본격적으로 개복치의 장기 사육이 시

작된 시대였고, 또 텔레비전이 일반 가정
에 보급되던 시대기도 했다.

　이렇게 해서 개복치의 긴키 지방 지방
명 중 하나였던 '만보'는 교육과 엔터테인
먼트의 거듭되는 우연으로 널리 보급되었
고 표준 일본명으로 자리 잡게 되었다.

〔그림6-2〕 기타 모리오의
『닥터 개복치 항해기』(사
진은 개정판)

개복치 유명세에 일조한 것은 엔터테인먼트였네

6. 일본명의 어원과 명명자

현재 완전히 정착한 개복치의 일본명 '만보(マンボウ)'의 어원은
　①가자미처럼 몸이 둥그스름해서
　②일본 어린이가 달고 다니는 '만보(万宝)'라는 이름의 부적
　　주머니와 모양이 비슷해서
　③둥근 물고기(円魚)라는 의미인데, 원('엔えん'이라고 발음한
　　다)이 '만', 물고기('우오ウォ'라고 발음한다)가 '보우'로 바뀌
　　어 발음되면서(엔우오→만보)
　④이 물고기가 날뛰었을 때 액막이 주문('만자이라쿠 만자이
　　라쿠')을 외웠더니 얌전해졌다→'만자이라쿠'라고 부르게
　　되었다→만자이라쿠의 발음이 점점 변해서
　이렇게 네 가지 설이 있는데, 이중에 어느 것이 진짜 어원인
지는 아직까지 밝혀지지 않았다.

학명에도 명명자가 있듯이 일본명에도 명명자가 있다. 만보는 옛날부터 불러 왔던 이름이어서 '이 사람이 명명했다'고 특정 짓기는 어렵지만, 가장 처음 (우키키가 아닌) 만보라는 이름을 책에 기록했다는 점에서 1709년에 『대화본초』를 쓴 가이바라 에키켄이 개복치의 일본명 만보의 명명자에 해당한다고 본다.

한편 만보라는 일본명과 학명을 최초로 병기했다는 점에서 생각하면 1913년에 출판된 논문의 저자인 데이비드 스타 조던(David Starr Jordan, 1851~1931), 다나카 시게호(田中茂穂, 1878~1974), 존 오터바인 스나이더(John Otterbein Snyder, 1867~1943)가 개복치의 일본명 명명자에 해당한다고 봐야 할 것이다. 참고로 이 세 사람은 같은 논문에서 쐐기개복치의 일본명인 '구사비후구(クサビフグ)'를 최초로 기재했기 때문에 쐐기개복치의 일본명 명명자이기도 하다.

일본명 명명자를 개복치과로 넓히면 애매한 종도 있지만 물개복치의 일본명 '야리만보(ヤリマンボウ)'는 오카다 야이치로(岡田彌一郎, 1892~1976)와 마쓰바라 기요마쓰(『일본산어류검색(日本産魚類検索)』1938, 三省堂)가, 남방개복치의 일본명 '고슈만보(ゴシュウマンボウ)'와 톤가리물개복치의 일본명 '톤가리야리만보(トンガリヤリマンボウ)'는 마쓰바라 기요마쓰(『어류의 형태와 검색(魚類の形態と検索)』2권, 1955, 石崎書店)가, 화석종인 지치부쐐기개복치의 일본명 '지치부쿠사비후구(チチブクサビフグ)'는 우에노 데루야(上野輝彌)와 사카모토 가즈오(坂本一男)(1994년에 발표한 논문)가 지었으며, 소개복치의 일본명인 '우시만보(ウシマンボウ)'

는 나와 야마노우에 유스케 씨가 집필한 2010년의 논문에서 처음 명명되었다.

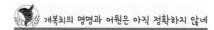

개복치의 명명과 어원은 아직 정확하지 않네

7. 수족관의 도전

1950년대부터 시작된 일본에서의 개복치 사육은 시행착오의 연속이었다. 2000년 이전에는 생태에 관한 연구가 대부분이었고, 개복치는 그야말로 미지의 물고기였다. 일본에서 최초로 개복치 생태 연구를 했던 것은 뜻밖에도 수족관이었다.

사육→사망→해부→사육→사망→해부…이 과정을 되풀이하다 보니 조금씩 경험과 정보가 쌓였고 1970년대에 들어서자 마침내 한 달 이상, 1980년대에는 1년 이상 사육할 수 있게 되었다.

가모가와 씨월드에 있는 "쿠키"라는 이름의 개체는 2,993일(약 8년 2개월)을 살았는데, 이는 지금까지 세계 최장 사육 기록이다(이 책 권말에 일본에서 개복치를 볼 수 있는 주요 시설 목록을 소개해두었다).

이렇게 해서 많은 수족관에서 개복치를 사육하게 되었지만, 아직도 개복치가 사육하기 어려운 물고기인 건 변함없어서 수조 벽에 충돌해 다치지 않도록 투명한 시트를 치거나 카메라 플래시를 금지하고(스트레스를 방지하기 위해서지 플래시 때문에 죽는 것은 아니다) 보다 쉬운 치료와 케어를 위한 트레이닝을 시도하는 등 매일같이 다양한 연구와 도전이 이어지고 있다.

미지의 물고기 사육에 도전하는 수족관

8. 점점 달라지는 이미지

옛날에 개복치는 어부들만 아는 물고기였다. 개복치의 기묘한 생김새와 생태 때문에 어부들은 상상의 나래를 펼쳐 개복치를 '무시무시한 물고기', '대어'로 여겨왔다. 그러다가 1960년대 이후에 수족관에서 사육되기 시작하자 개복치는 점점 친근해졌고, 느릿느릿 수조를 유영하는 모습이나 물에 둥둥 떠서 낮잠 자는 모습에 '바다의 천하태평'이라고 불리게 되면서 우리의 마음을 '치유'해주는 존재로 자리 잡았다.

하지만 2010년대에 들어오자 개복치는 '쉽게 죽는 생물'로 이미지가 확 바뀌게 된다(이 이야기는 다음 장에서 더 자세히 다루겠다). 그리고 이를 부추기기라도 하듯 2015년 11월 19일 국제자연보호연합이 발표한 '멸종위기종 목록(레드리스트)'에서 개복치가 '위급종(멸종위기종)'으로 지정되었다.

어쩌면 미래엔 개복치가 '희귀하다'고 인식될지도 모르겠다.

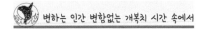
변하는 인간 변함없는 개복치 시간 속에서

9. 멸종위기종 지정

서태평양과 남대서양의 주낙, 흘림자망, 중층 트롤에 같이 걸려든 개복치의 어획량이 단기간에 감소하는 경향이 있어서, 전항에서 말했듯 개복치는 멸종위기종으로 지정되었다.

앞으로 개복치를 보호하려는 움직임이 일어날지도 모르지만, 개복치만 보호하기란 불가능할 것이다. 개복치가 덩달아 걸려드는 어업 방식은 다랑어류와 돛새치과를 어획 대상으로 하는 만큼 개복치만의 문제가 아니기 때문이다.

단순히 말해 감소한 물고기의 개체수를 다시 늘리려면 당분간 어업을 중단하면 되겠지만, 어부에게도 생활이 있으니 그렇게 할 수는 없는 노릇이다. 일부 다랑어류와 돛새치과 역시 멸종위기종으로 지정되어 있으므로, 개복치의 멸종을 막으려면 다른 생선의 어업 관리와 함께 고민해봐야 할 것이다.

참고로 2017년 3월에 일본 수산청과 환경청이 발표한 일본 내 해양생물 레드리스트에서 개복치는 제외되었다.

 개복치와 다랑어와 돛새치에게 위기가 찾아왔네

10. 식재료로서의 역사와 먹을 수 있는 부위

개복치와 인간 사이의 역사를 되돌아볼 때 키포인트는 바로 '먹고 먹히는' 관계라는 것이다.

개복치는 '먹을 수 있는 물고기'다. 가장 오래된 예로 '개복치 무덤'의 사례가 있고, 학술적으로는 1554년에 출판된 롱드레와 살비아니의 책에도 개복치를 요리한 기록이 있다. 개복치는 주로 아시아권에서 먹었는데 특히 일본과 대만은 최대 시장이었다.

일본에서 아마도 가장 오래되었을 개복치 요리법은 1636년 출간된 『요리 이야기』에 '우키키'라는 이름으로 실려 있다. 역사 인물로는 미토번(지금의 이바라기현)의 제2대 번주인 도쿠가와 미쓰쿠니(德川光圀)가 개복치를 먹었고, 제6대 번주인 도쿠가와 하루모리(德川治保)가 특히 즐겨 먹었다는 얘기가 전해진다.

개복치는 금방 비려지기 때문에 지금까지는 잡은 연안 그지역에서만 먹었다(이와테, 미야기, 고치, 미에 등지가 유명). 하지만 최근 들어서는 수요가 다소 생겨서 다른 도시까지 유통되고 인터넷으로도 살 수 있게 되었다. 나도 샘플링한 지역에서 즐겨 손질해 먹었다(그림6-3).

[그림6-3] 일본 정치망 어부가 어업활동 때 쓰는 '마키리(間切)'라는 이름의 단도. 전 세계 개복치를 다루었던 저자의 소중한 샘플링 도구

개복치를 먹는 지역의 마트에 가면 판매 중인 개복치 토막을 볼 수 있다(그림6-4). 물고기를 통째로 파는 경우는 좀처럼 보기 드물다. 공간도 많이 차지하고, 무겁고, 손질한 후 뒷처리가 힘들기 때문이다. 그래서 보통은 어부가 개복치를 잡으면 그 자리에서 바로 손질해 먹을 수 있는 부위만 따로 빼고 나머지는 바다에 버린다. 일본뿐 아니라 기본적으로 어느 나라 할

¥215

소화기관

¥414

근육(흰 살)

근육(붉은 살)

〔그림6-4〕 마트에서 파는 개복치 토막

것 없이 개복치든 소개복치든 물개복치든 상관없이 전부 개복치로 판매하고 있다.

먹을 수 있는 부위에 대해서는 1장에서 설명한 몸 부위를 다시 살펴보기 바란다. 일본에서는 일반적으로 근육, 소화기관(장), 간을 마트에서 판매한다. 어부는 그밖에도 젤라틴질 피하조직, 난소, 연골, 심장 등을 먹으며, 듣기로는 눈과 정소 또한 먹을 수 있는 부위라고 들었다.

개복치의 맛이라고 하면 보통은 고기(근육) 맛을 가리킨다. 고기는 담백해서 '오징어회보다 조금 심심한 맛'이라고 한다. 호불호가 확실히 갈리기 때문에 문헌상으로도 '굉장히 맛있다'라고 되어 있는 곳도 있는가 하면 '두 번 다시는 맛보고 싶지 않다'고 적힌 곳도 있다.

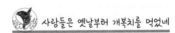 사람들은 옛날부터 개복치를 먹었네

11. 식탁 위의 개복치

그럼 지금부터 일본에서 예부터 먹어 왔던 방법과 내가 새롭게

도전한 요리를 소개해 보겠다(요리 사진은 권두 "개복치 무엇이든 박물관" 요리편을 참고 바란다).

먼저 근육. 옛날에는 개복치를 상어의 일종이라고 여겼기 때문에 '상어살'이라는 이름으로 팔기도 했으며, 붉은 살과 흰 살을 분리할 때도 있고 그렇지 않을 때도 있다. 전통적으로는 주로 회를 쳐서 초된장에 찍어 먹었다. 회는 꽤 탱탱한데 불에 익히면 수분이 날아가고 닭가슴살 같은 식감으로 바뀐다. 나는 카레나 스튜, 데리야키 등 다양한 요리에 도전해 보았는데 전부 맛있었다. 그중 가장 추천하는 방식은 튀김이다.

이어서 소화기관(장). 일본에서는 '코와타', '햐쿠히로(百尋, 장이 긴 데서 유래)', 대만에서는 '용장(龍腸)'이라고도 부른다.(우리나라는 그냥 '창자'라고 부르는 모양이고, 중국에서는 '용창'이라 부른다고 한다.—옮긴이) 전통적으로는 소금구이 방식으로 요리하는데 닭꼬치나 소 막창처럼 꼬들꼬들한 식감으로 맛이 좋아 시장에서 살짝 비싼 값에 팔고 있다. 건어물, 회, 볶음요리로 먹을 수도 있다.

날것일 때는 딱딱하고 뿌연 빛깔인 젤라틴질 피하 조직은 삶으면 반투명 젤 상태가 된다. 마트에는 팔지 않지만 일본에서는 전통적으로 '와라비모찌(고사리떡. 식감이 젤리처럼 독특하다.—옮긴이)' 같은 디저트처럼 삶은 젤라틴 성분에 흑밀 소스와 콩가루를 묻혀 먹는다. 대만에서는 디저트 이외에도 샤브샤브나 볶음 등의 요리에 사용한다.

연골은 등지느러미, 뒷지느러미, 키지느러미 뿌리와 두개골 주변에 있는데 희뿌연 젤라틴질 피하 조직보다 딱딱하고 반투명한 특징으로 식별할 수 있다. 연골은 얇게 잘라내 햇볕에 말리면 얇은 셀로판 형태(이를 '사메스가'라고 부른다)가 되는데, 뜨거운 물로 다시 불려서 초회 소스, 성게와 버무려 먹는 것이 전통이다. 내가 어부한테 들은 요리는 연골을 얇게 잘라 홍차색으로 물들 때까지 일본된장에 며칠 동안 묵혀 두었다가 그대로 먹는 방법이다. 술안주로 제격일 것 같은 맛이다.

난소는 지역에 따라 '차가마(茶釜)', '차부쿠로(茶袋)'라고도 부르는데, 내가 어부에게 들은 방식은 소금에 데치거나 된장국으로 끓여 먹는 것이었다. 노른자에 감칠맛이 은은하게 느껴졌던 기억이 난다.

간은 기름과 발음이 같은 '아부라'라고 부르기도 하는데, 정말 기름 대신으로 쓰인다. 전통적으로는 간을 그대로 프라이팬에 올려 볶다가 기름이 많이 나오면 그 기름을 따라 버린 후 일본된장과 개복치 근육을 넣고 같이 볶아 먹는다.

대만 화련에는 '삼국일(三國一)'이라는 101가지 개복치 요리 전문점이 있다. 어느 요리 할 것 없이 모두 다 맛있는데 그중에서 내가 가장 놀란 메뉴는 깍뚝 썬 젤라틴질 피하 조직이 들어 있는 아이스바였다. 코코넛 젤리를 얼린 것처럼 쫄깃쫄깃한 식감이어서 추천한다.

그리고 내가 어른들을 생각해 딱 한 번 만들어 본 메뉴는 바로 '개복치 지느러미술'이다. 자주복 지느러미술처럼 조사가 끝난 총 길이 30㎝짜리 개복치의 가슴지느러미를 햇볕에 말린 후, 가슴지느러미를 불에 구워 뜨겁게 데운 술에 넣으면…술이 호박색으로 변하고 향도 옮겨져 맛있었던 기억이 난다.

이처럼 개복치 요리는 아직 레퍼토리의 발전 가능성이 무궁무진하다.

개복치는 개발 가능성이 무궁무진한 미지의 맛

12. 독은 있을까? 약효는?

개복치를 먹을 때 가장 중요한 것은 독이 있는지 없는지 확인하는 것이다. 왜냐하면 개복치는 복어의 친척이고, 복어는 치사율이 높은 테트로도톡신(tetrodotoxin)을 가진 '독물고기'로 유명하기 때문이다. 하지만 개복치에게서 테트로도톡신이 발견되었다는 보고는 아직까지 없고, 쥐를 이용한 실험에서도 개복치의 간에 독성은 보이지 않았다는 연구 결과가 있다.

나는 지금까지 개복치, 소개복치, 물개복치, 쐐기개복치 등 일본에서 요리로 먹는 개복치과 어류는 전부 먹어 보았는데, 아직까지 특별히 몸이 아팠던 적은 없다.

하지만 인류의 기나긴 역사를 되짚어 보면 개복치를 먹고 식중독에 걸렸다는 사례도 존재한다. 같은 물고기라도 해역에 따라 독이 있을 수도 없을 수도 있는 모양이니, 매매가 금지된 지역에서는 웬만하면 먹지 않는 편이 무난할 것이다(유럽에서는 개복치가 복어 친척이라는 이유로 매매가 금지되고 있다. 다만 자기책임이어서 먹는 것 자체에는 문제가 없는지, 이탈리아의 어부는 이따금 먹는다고 한다).

한편 예부터 일본에서는 개복치를 '약(한방약)'으로 써왔다. 에도 막부의 의사였던 구리모토 단슈(栗本丹州)가 1825년에 낸 개복치 연구서 『번차고(翻車考)』를 보면 잘 정리되어 있다. '고름을 짜내고, 피로를 풀어주고, 식욕이 돋게 하고, 젖이 잘 돌게 하는 것 이외에도 뼈의 통증, 냉, 종기, 요로, 설사, 위장장애 등의 개선에 효과가 있다'고 기술되어 있는데, 개복치의 어느 부위를 썼는지까지는 자세히 나와 있지 않다. 참고로 개복치는 한자로 翻車魚(번차어)라고 쓰는데, 중국에서 유래한 한자로 개복치의 모습이 '뒤집어진 차(당시의 차는 아마도 바퀴가 큰 인력거를 뜻했을 것이다)'처럼 보였기 때문이라고 한다.

어부들 사이에서는 '간을 고아서 며칠 동안 묵힌 뒤에 짜낸 기름을 마시면 위궤양에 좋고, 상처 부위에 발라도 좋다'고 널리 알려져 있다. 개복치의 간 기름은 몇몇 회사에서 영양제로도 판매하고 있으며 『개복치 간 기름으로 심장병 완전 극복!(「マンボウ肝油」で心臓病を完全克服!)』(秋久俊博, 2002, 史輝出版)이라는 책도 있다.

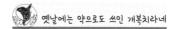
옛날에는 약으로도 쓰인 개복치라네

13. 어획법과 세는 법

당연한 말이지만 개복치를 먹으려면 우선 잡아야 한다. 개복치만을 목적으로 어업활동을 하진 않지만, 어쨌든 그 방법에는

[그림6-5] 정치망에 걸린 "개복치"를 커다란 뜰채에 담아 배 위로 올린 모습(왼쪽)과 "개복치"를 겨냥하는 작살(오른쪽)

여러 가지가 있다.

개복치가 잡히는 빈도가 가장 높은 방법은 바로 '정치망'이다. 정치망은 커다란 그물을 바다 속에 설치한 다음 배로 그물을 서서히 좁혀나가서 그물 속에 든 물고기를 잡는 방법이다(그림6-5 왼쪽). 내가 현장에서 샘플링을 할 때는 늘 정치망 방식을 쓰는 어부의 도움을 받았다.

그밖에도 배에서 전기작살을 내리꽂는 '츠킨보' 방식(그림6-5 오른쪽), 바다 속에 그물을 치고 그물코에 물고기가 끼게 해서 잡는 '자망(刺網)' 방식, 배로 그물을 펼쳐 물고기의 주위를 에워싸서 잡는 '선망(旋網)' 어법, 긴 밧줄에 무수한 실과 바늘을 달아 낚는 '주낙' 등이 있다. 또 '제방에서 낚았다', '해변에 있던 것을 맨손으로 잡았다', 과격한 것으로는 '다이너마이트를 던져서 잡았다'는 등 깜짝 놀랄 만한 포획 방법도 보고되고 있다.

어업과 관련된 이야기가 나왔으니, 어부가 개복치를 세는 방법도 함께 소개해보겠다. 우선 일반적으로 동물은 한 마리, 두 마리…이렇게 세는데, 물고기는 꼬리 미(尾) 자를 붙여 세기도 한다.

일본에서 개복치는 한 장, 두 장…이렇게 장(枚) 단위로 센다. 이는 개복치의 편평한 몸을 다다미에 비유한 데서 유래한다. 또 어부는 개복치의 크기도 다다미 개수로 표현할 때가 많은데, 대형 개체의 경우는 '다다미 3장' 등으로 말한다. 참고로 지역에 따라 다다미의 크기는 조금씩 다른데, 일반적으로는 $182cm \times 91cm$다.

 개복치는 다다미 세듯이 장으로 헤아린다네

토픽⑪ 마을의 상징

미에현 기호쿠초(紀北町)에서는 개복치를 '마을의 물고기'라 하여 상징물로 삼고 있다. 지방도로 휴게소 '기이나가시마 만보(紀伊長島マンボウ)'에 가면 노점상에서 개복치 꼬치구이를 팔고, 그 근처에는 개복치 모양 풍향계도 있다(권두 '개복치 무엇이든 박물관' 참조).

과거에는 지바현 가모가와시(현재 시의 물고기는 도미)나 미야기현 모토요시초(현재는 합병해서 게센누마시가 되었으며, 게센누마시의 물고기는 가다랑어다) 도시 혹은 마을의 상징으로 개복치를 지정한 때도 있었는데 시대가 변화하면서 다른 물고기로 바뀌었다.

 마을의 부흥 개복치를 먹는 사랑의 인연

7장.
개복치의 민속학:
전승에서 도시전설까지

요괴 연구가 겸 일러스트레이터
고린테이 효센(氷厘亭氷泉) 씨가
요괴화한 개복치 그림

iPhone용 애플리케이션 '살아남아라! 개복치! 3억 마리의 동료들은 모두 죽었다'
©SELECT BUTTON inc.

1. 밤이 되면 환하게 빛난다?

사람과 인연이 깊은 개복치는 그만큼 여러 가지 소문과 전승, 전설, 미신 등이 있다. 앞장에서도 소개한 살비아니와 롱드레의 책을 보면 '개복치는 밤이 되면 환하게 빛난다'라는 내용이 있다. 그 유래는 드러나지 않았지만, 롱드레의 책에 '지느러미만 없으면 몸이 보름달처럼 둥글게 보여서 lunam(달)이라고 부른다'라고 적혀 있는 것과 관련 있지 않을까?

이 시대 책에는 공상적인 기술도 포함되어 있었기 때문에, 달은 밤에 빛난다→개복치는 달을 닮았다→ 개복치도 밤에 빛난다, 라고 연상했던 건지도 모른다. 이 기술은 내가 아는 한 개복치 전승 중 가장 오래된 것이다.

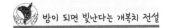
밤이 되면 빛난다는 개복치 전설

2. 금기

외국에는 환상적인 전설이 있는 반면, 일본에는 금기에 해당하는 전승이 있는데 '개복치를 통째로 항구에 가지고 들어오면 저주를 받는다', '임신부에게 개복치를 보여주면 개복치를 닮은 아이를 낳는다', '가족 중에 임신부가 있을 때 개복치를 작살로 찔렀는데 잡지 못하면, 개복치가 작살을 맞은 부위가 아이의 몸에 멍으로 나타난다' 등이 있다.

이러한 것들은 개복치의 특이한 외형이 당시 사람들의 눈에 기피해야 할 대상으로 비쳐서 기괴한 존재를 육지까지 가져오면 안 된다는 옛날 어부들의 생각에서 탄생한 전승으로, '개복치가 바다 위에서 바로 해체되는 이유'라고도 볼 수 있다.

바다 위에서 손질하는 이유에는 그밖에도 다른 전승이 있는데 '기슈(紀州)의 영주가 개복치를 맛보고 마음에 들어 했다→개복치를 잡으면 자신에게 바치라고 어부에게 명령했다→어부는 그것이 싫어 개복치를 잡은 줄 모르게 바다 위에서 해체하게 되었다'는 내용도 있다.

하지만 현실적인 이유는 개복치를 통째로 가지고 돌아오면 못 먹는 부위를 처리하기 곤란하기 때문에 고기와 장만 따로 분리해 내고 쓸모없는 나머지 부분은 바다에 버리는 편이 훨씬 효율적이어서다.

한편, 옛날에 세토 내해에서는 '개복치를 잡으면 그 해는 흉어다, 역병이 돈다'고 하여 몹시 꺼렸다는 전승도 있다.

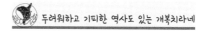
두려워하고 기피한 역사도 있는 개복치라네

3. 풍어 기원

일본에서는 풍어를 기원하는 전승도 있다. 개복치는 가다랑어 잡이와 관련된 전승이 많은데, 가다랑어를 잡으러 나갔다가 개복치를 발견하면 어부는 반드시 그 개복치를 작살로 내리꽂

으려고 한다. 이는 개복치를 '고기잡이의 신'으로 보는 측면이 있어서인데, 개복치를 찌르는 데 성공하면 풍어, 개복치를 놓치면 흉어가 된다고 믿었던 것이다. 또 개복치를 발음이 비슷한 '万本(만 마리라는 의미)'와 연결지어, 가다랑어를 몇만 마리 잡을 수 있도록 빌며 잡은 개복치의 몸 일부를 신사 등지에 바치는 지역도 있었다고 한다.

개복치는 난류와 한류가 만나는 '조목(潮目)'에 자주 출현하고 가다랑어 역시 같은 해역에 잘 나타나기 때문에 개복치가 있는 곳에는 분명 가다랑어도 있을 거라고 믿어왔다. 어부의 감과 경험이란 상당히 잘 맞아떨어졌고, 3장에서 이야기했던 내 연구에서 개복치와 가다랑어가 비슷한 수온대에 나타난다는 사실이 과학적으로 밝혀졌다.

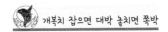
개복치 잡으면 대박 놓치면 쪽박

4. 물고기를 치유하는 바다의 의사

개복치는 '바다의 의사'라는 별명도 있는데, 다친 물고기(병 든 물고기)가 개복치에게 다가와 몸을 스치면 개복치의 피부 점액에 있는 항생물질 때문에 몸이 회복된다는 전승이 있다. 그러나 실제로 점액에 항생물질이 있다는 것이 증명된 연구는 없다. 나는 생화학 실험에는 약하므로 다른 누군가가 상세히 연구해주길 바란다.

한편, 개복치 주위에는 물고기가 잘 모여든다. 개복치의 까끌까끌한 피부에 기생충을 문질러 떨어뜨리기 위해서라고들 하는데, 실은 그런 연구 결과도 없다.

물고기가 개복치 주위에 모여드는 이유는 두 가지로 짐작된다. 하나는 개복치의 커다란 몸에 자기 몸을 감추기 위해, 또 다른 하나는 개복치에 달라붙은 기생충을 먹기 위해서다. 기생충을 먹기 위해 개복치에 달라붙는 모습을 마치 몸을 비비는 것처럼 해석해 버린 게 아닐까? 민속학적 문헌을 보면 어부가 "개복치는 바다의 의사"라고 말하는 기술이 있으므로, 상상력이 풍부한 어느 어부에게서 시작된 전승이라는 생각이 든다.

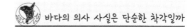
바다의 의사 사실은 단순한 착각일까

5. 바다에 빠진 사람을 구해주다

개복치는 '바다에 빠진 사람을 구했다'는 일화가 적어도 두 개는 있다. 하나는 민속학자가 어부에게 들은 이야기로, 시즈오카현의 한 가다랑어잡이 어선이 하치조지마 부근에서 폭풍우를 만났는데 선원 한 명만 유일하게 개복치의 등을 타고 살아남아 조난당한 지 사흘 만에 구조되었다고 한다.

또 다른 하나는 2009년 4월에 방영된 '더! 세계 기상천외 뉴스(ザ!世界仰天ニュース) 대해원에서 대탈출 in 충격의 대탈출 스페셜'이라는 TV 방송에서 소개된 일화다. '1964년 4월 2일

[그림7-1] 1964년 잡지에 실린 기사
왼쪽:「보이즈 라이프 7월호」
제2권 제4호. 1964년 7월 1일 간행)
오른쪽: 이와타 히로마사(岩田浩昌)씨
가 그린, 비장함이 실감나게 묻어나는
일러스트「디즈니랜드 10월호」
제1권 3호. 1964년 10월 1일 간행)

고치현 남단으로부터 150km가량 떨어진 휴가나다의 바다에서
15세 선원이 어선에서 추락했는데 개복치 등에 매달려 있다가
두 시간 후 돌아온 배에 의해 구조되었다'는 것이다.

첫 번째 이야기는 자세히는 잘 모르겠지만 두 번째 이야기
는 실제 있었던 사건으로 1964년에 여러 잡지에 기사로도 실
렸다(그림7-1). 내용은 방송과 거의 같지만, 잡지「보이즈 라이
프(ボイズライフ)」(小学館) 쪽 내용이 더 자세했고 조난당한 소년
야마나카 이사무(당시 나이 16세)의 시점에서 내용이 기록되어

있다. 기사에 따르면 개복치는 약 $3.3m^2$ 정도의 크기로 몇 번인가 흔들려 떨어질 뻔했지만 필사적으로 개복치의 등에 매달렸던, 그야말로 생사의 기로에 놓였던 체험이 나와 있다.

한편 「디즈니랜드(ディズニーランド)」(講談社)는 초등학교 국어 교과서에 나올 법한 식으로 이야기를 꾸몄고, 내용도 「보이즈 라이프」보다 간략했다. 하지만 이 잡지에 실린 그림이 조난 상황의 긴박함과 필사적으로 살아남으려는 소년의 의지를 훨씬 잘 살렸다.

물론 개복치는 그냥 낮잠(체온 회복)을 잔 것일 뿐 딱히 소년을 구해줄 생각은 없었겠지. 혹시라도 기회가 된다면 야마나카 씨를 직접 만나 당시 이야기를 들어보고 싶다.

 사랑을 구한 개복치는 그저 낮잠을 잔 것일 뿐

6. 죽는 순간 눈을 감는다

일본에서는 '개복치는 죽는 순간 눈을 감는다'는 말이 있다. 하지만 내가 어획 현장에서 점점 죽어가는 개복치를 봤을 때 죽는 순간 눈을 감는 개체는 거의 없었다. 아마도 어획 때 어떤 자극을 받고 눈을 감은 채 죽은 개체를 본 옛 어느 어부의 상상에서 비롯한 전승으로 보인다.

 개복치야 죽는 순간에 무엇을 보았니

7. 개복치 토막을 하룻밤 그대로 두면 증발한다

개복치 고기는 '하룻밤 그대로 두면 물이 되어(녹아서) 사라진다'는 말이 있다. 이 이야기가 진짜인지 확인하기 위해, 실제로 상온에 개복치를 방치하는 실험을 한 적 있다. 하지만 몸에서 물이 나와 조금 쪼그라들긴 했어도 하룻밤 지난 후 개복치 토막이 사라지지는 않았다.

개복치의 근육 속에 포함된 수분 함량을 알아본 연구에 의하면 수분 함량은 약 87%였다. 즉, 개복치 고기를 그대로 두면 수분이 점점 빠져나가고, 수분이 빠진 고기는 그만큼 몸이 줄어들기 때문에 '물이 되어 사라진다'고 표현한 것이리라.

참고로 근육보다 수분이 많은 젤라틴질 피하 조직으로도 상온 방치 실험을 해 보았는데 처음에는 두께가 55mm였던 것이 약 3개월 후에는 두께 1~2mm가 되었다(그림7-2).

〔그림7-2〕 개복치의 젤라틴질 피하 조직의 상온 방치 실험. 실험 개시 전의 두께는 약 5.5cm (왼쪽). 약 3개월 후의 두께는 1~2mm(오른쪽)

이렇게 해서 개복치의 몸은 수분이 많지만 줄어들기만 할 뿐 아예 사라지는 건 아니라는 사실을 잘 알았다.

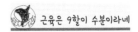
근육은 9할이 수분이라네

8. 사인에 관한 도시전설

1) 도시전설 추적하기

거대한 개복치는 UMA(Unidentified Mysterious Animal, 미확인 동물)라고 말하기도 한다. 하지만 거대 개복치는 실제로 존재하는 만큼 예티(히말라야에 산다는 설인) 등과 달리 UMA가 아니다. 이처럼 새로운 소문은 나날이 탄생했다가 사라져간다. 그럼 지금부터 개복치의 현대 전승 중 하나로, 인터넷에서 한동안 화제에 올랐던 도시전설 '개복치의 사인'에 대해 자세히 살펴보자.

도시전설이란 '정보 출처를 알 수 없는 현대 발원의 구승'으로, 여기서 '도시'는 시골의 반대말인 도시가 아닌 '현대'를 의미한다. 특히 인터넷에서 떠들썩한 도시전설은 넷로어('인터넷'과 '포크로어[folklore]'를 합한 조어)라고도 부른다.

최근 들어서 '개복치는 쉽게 죽는 유리 멘탈'이라는 이미지가 인터넷상에 점점 퍼져나가면서 그 사인을 둘러싼 온갖 도시전설(소문)이 떠돌고 있다. 하지만 내가 대학원에 진학해 연구를 시작한 2007년에는 그런 도시전설이 전혀 존재하지 않았고, 오히려 '바다의 천하태평' 이미지가 훨씬 강했던 것으로 기억한다. 그래서 나는 개복치의 사인을 둘러싼 도시전설이 언제부터 생겼는지 알아보기 위해 2014년 6월에 조사를 시작했다.

당시 많은 사람이 보고 정보를 교환하는 장은 인터넷 게시판이라고 판단해서 살펴본 결과 12개의 개복치 댓글을 찾아냈다(비슷한 내용의 댓글은 몇 개 정도 생략했다). 이 댓글들을 바탕으로 개복치의 사인에 관한 내용을 뽑아 시간 순으로 나열했더니⋯개복치의 사인은 2007~2011년 그리고 2012~2013년 사이에 증가한 사실을 알 수 있었다(그림7-3).

개복치의 14가지 사인

1 기생충을 떼어내려고 점프했다가 물에 떨어질 때 충격 받아 죽음 (2011년~)
2 거의 직진만 한다→바위에 부딪혀 즉사 (2013년~)
3 단숨에 바다 밑바닥까지 잠수한다→동사 (2013년~)
4 일광욕→새한테 쪼여 상처가 곪아서 죽음 (2013년~)
5 일광욕→자는 사이에 자기도 모르게 육지까지 떠밀려가 좌초되어 죽음 (2013년~)
6 질식사 (2013년~)
7 아침햇살이 너무 강해서 죽음 (2013년~)
8 바닷속 공기방울이 눈에 들어가 스트레스로 죽음 (2013년~)
9 바닷물의 염분이 피부에 스며들어 충격 받아 죽음 (2013년~)
10 다가오는 바다거북과 충돌할 것을 예감하고 스트레스로 죽음 (2013년~)
11 근처에 있던 동료가 죽는 것을 보고 충격 받아 죽음 (2013년~)
12 근처에 있던 동료가 죽는 것을 본 충격으로 동료가 죽어서 그 스트레스로 죽음 (2013년~)
13 먹이인 작은 물고기와 갑각류를 먹는다→뼈가 목에 걸려 죽음 (2013년~)
14 빨판상어가 아가미 속에 들어와 붙어서 죽음 (2013년)

[그림7-3] 개복치에 관한 화제로 달린 12개의 댓글에서 추출한 14개의 사인과 그것이 처음 등장한 해

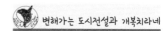
변해가는 도시전설과 개복치라네

2) 도시전설 발생(점프 후 물에 떨어질 때 충격받아 죽는다)

개복치에게 생긴 '쉽게 죽는 유리 멘탈'이라는 이미지에 크게 일조한 제1단계 도시전설은 '기생충을 떼어내려고 점프한다 →점프 후 물에 떨어질 때 충격을 받아 죽는다'인데, 결론부터 말하면 이 이야기는 거짓이다. 나는 지금까지 1,300개가 넘는 개복치류의 자료를 보았는데, 이러한 기술은 어디에서도 본 적이 없다. 나 역시 개복치가 점프하는 순간을 목격했지만 물에 다시 떨어져도 죽지 않았다.

이 이야기의 학술적 출처는 아직도 불명확한데, 웹서핑해서 이 이야기가 최초로 올라온 곳을 찾아보니 인터넷 백과사전 위키피디아였다. 위키피디아의 개복치 페이지의 '이력 표시'를 더듬어 보면 2010년 5월 19일에 점프 기술과 관련해서 '개복치는 이때 맞는 물의 충격 때문에 죽기도 한다'라는 한 문장이 제일 처음 추가되어 있었다. 이 한 문장은 2013년 11월 17일에 삭제될 때까지 약 3년 동안 계속해서 실려 있었다. 위키피디아는 인터넷을 검색했을 때 가장 최상위에 노출되는 경우가 많으므로 많은 사람이 접했으리라고 생각한다.

2011년에는 인터넷 게시판에도 이 이야기가 등장하고, 그해 연말에는 TV 방송에서도 다룰 만큼 확산되었다. 또, 위키피디아에 개복치가 물에 떨어진 충격으로 죽는다는 내용이 게재되었던 3년 동안에는 트위터와 SNS가 젊은 층 사이에서 급속도로 보급되던 시기이기도 했기 때문에, 위키피디아와 게시판과 병행해 큰 확산 요인이 된 것으로 보인다.

개복치가 점프하는 이유는 기생충을 떼어내기 위해서라고

〔그림7-4〕 개복치가 점프하는 이미지

보고 있는데, 이는 물고기가 점프하는 이유와 같아서 그렇게 보는 것에 불과할 뿐, 실제로는 개복치가 왜 점프하는지 아직 정확히 밝혀지지 않았다. 또 개복치가 최대 $3m$까지 점프한다고 하는데, 언제 뛸지 알 수 없는 개복치의 점프 높이를 어떻게 측정했는지는 상당히 의문스럽다.

내가 두 눈으로 똑똑히 목격했으므로 개복치는 분명 점프를 한다(그림7-4). 하지만 개복치의 점프에 관한 상세한 연구는 아직 없기 때문에 어떤 정보 할 것 없이 모두 의심스러운 것이 사실이다.

 소문과 달리 물에 떨어져도 죽지 않네

3) 도시전설의 일차 확대(개복치의 사인 일람)

물에 부딪힌 충격으로 죽는다는 설이 인터넷에 퍼지면서 시작된 개복치의 사인은 시간이 흐르면서 종류가 점점 늘어나 '개복치의 사인 일람'이 생기게 된다. 제2단계 도시전설이다.

'개복치는 잘 죽는다'라는 이미지를 완전히 정착시킨 것은 트위터 팔로워 수가 2만 명이 넘는 인기 화가 삿칸(サッカン)의 트위터라고 생각한다.

삿칸은 2013년 8월 초, 인터넷에 화제가 되었던 개복치의

사인 일람을 알고 자신도
얼토당토않은 사인을 만들
어 몇 번인가 트위터에 올
렸다. 그리고 2013년 8월
5일 그의 게시물이 뜨거운
반응을 얻으면서 1만 회
이상 리트윗되는 사태로
발전. 다음 날에는 다른 인

[그림7-5] 개복치가 '쉽게 잘 죽는 유리 멘탈'이
라는 이미지를 정착시킨 삿칸의 트위터

터넷 게시판에도 글이 올라가면서 더욱 화제를 모았고 그렇게
도시전설이 되었다.

그 트위터 내용은 "개복치 사인 일람: 아침햇살이 너무 강
해서 죽음, 바닷속 공기방울이 눈에 들어가 스트레스로 죽음,
바닷물의 염분이 피부에 스며들어 충격 받아 죽음, 다가오는
바다거북과 충돌할 것을 예감하고 스트레스로 죽음, 근처에
있던 동료가 죽는 것을 보고 충격 받아 죽음, 근처에 있던 동
료가 죽은 것을 본 충격으로 동료가 죽어서 그 스트레스로 죽
음"이다(그림7-5).

나는 삿칸 본인을 취재하여 일의 경위와 트위터 내용이 거
짓이라는 증언을 얻었다. 삿칸은 일부 사인밖에 트위터에 올리
지 않았는데도 개복치의 전반적 사인이 모두 삿칸의 출처인 줄
알고 트위터 등을 통해 발언하는 사람들이 꽤 많아서 삿칸도
조금 당혹스러운 눈치였다.

 우스갯소리가 확산되어 전설이 되었다네

4) 대중 매체에 의한 2차 확산

2010년 이후에 발생한 사인과 관련된 도시전설은 TV 방송에서도 다루어졌다. 인터넷뿐이라면 젊은 세대 사이에서 화제가 되는 수준에 그치겠지만, 대중 매체에 나오면 그 이야기는 모든 세대로 확산되게 된다.

나는 몇 번인가 TV 방송 제작에 도움을 준 적이 있는데, 대부분의 경우 의뢰받았을 때 이미 인터넷 상의 정보를 바탕으로 방송 내용을 만들기 때문에 내가 '도시전설을 바탕으로 한 내용으로 개복치가 잘 죽는 생물이라고 말하지 말아줬으면 좋겠다'고 아무리 말해도 별 의미가 없었다. 대중 매체에서 거짓을 2차 확산시킨다면 더는 무엇을 믿어야 할지 알 수 없다. 이러한 경험은 인터넷이든 대중 매체에서 다루는 정보든 무조건 그대로 받아들이지 말고, 스스로 신뢰할 수 있는 정보를 조사하는 게 좋다는 것을 내게 가르쳐 주었다.

또 2014년 6월에는 이러한 도시전설을 바탕으로 한 iPhone용 게임 애플리케이션 '살아남아라! 개복치! 3억 마리의 동료들은 전부 죽었다'(주식회사 SELECT BUTTON 제작)가 출시되어 인기를 얻었고(이 장 표지 사진), 세계 여러 언어로 번역되어 배포되면서 일본에서 탄생한 이 도시전설은 전 세계로 뻗어 나갔다.

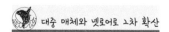

대중 매체와 넷로어로 2차 확산

5) 도시전설의 종식

트위터로 대규모 확산되어 도시전설이 된 개복치의 사인은 기구하게도 트위터에 의해 종식을 맞이하게 된다.

2014년 8월 25일, 당시 트위터 팔로워 수가 만 명에 가까운 한 유저가 수족관에 가서 개복치 먹이주기 쇼에서 수족관 직원에게 들은 '인터넷에 퍼진 소문은 대부분 거짓이다'라는 이야기를 트위터에 올렸

〔그림7-6〕하츠네 미쿠와 개복치
그림: 용궁 츠카사(집 뒤에 개복치가 죽어 있어 P 멤버) ©Crypton Future Media. INC. **piapro**

다. 그 트위터도 대규모로 확산되면서 개복치의 도시전설은 대부분 거짓이라는 사실이 인터넷에 단숨에 침투했던 것이다.

그러고 보면, 2009년 7월 12일에 온라인 동영상 사이트 "니코니코"에 올라온, 하츠네 미쿠(컴퓨터 상 등에서 노래를 부르게 할 수 있는 가상의 여자 캐릭터)의 곡 "집 뒤에 개복치가 죽어 있어"(집 뒤에 개복치가 죽어 있어 P 지음) 역시 개복치와 죽음의 이미지를 이은 선구적 요인이 되었던 건지도 모르겠다(그림 7-6). 다만 이 곡 제작자가 "이 곡의 내용은 실화가 아니다"라고 언급하였다.

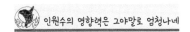

인원수의 영향력은 그야말로 엄청나네

9. 3억 개의 알 중 살아남는 것은 두 마리뿐

사인 말고도 도시전설은 더 있다. 개복치는 흔히 '한 번 산란할 때 3억 개의 알을 낳지만, 끝까지 살아남는 것은 단 두 마리뿐'이라고들 말한다. 하지만 여기에는 몇몇 잘못된 정보가 섞여 있다.

이 정보의 출처는 장어 연구로 유명한 요하네스 슈미트(Johannes Schmidt, 1877~1933)가 1922년에 영국의 과학 잡지 「네이처(Nature)」에 발표한 논문인데, 해당 부분은 '1과 2분의 $1m$(1.5m라고 주장하는 사람과 1.3m라고 주장하는 사람이 있다)짜리 개복치의 난소에는 3억 개 이상의 작은 미성숙한 알이 들어 있다는 사실을 발견했다'라는 아주 짤막한 한 문장이 전부였다.

즉, 이 수는 추정치이며 개복치가 3억 개의 알을 정말로 '낳았다'는 말은 한 토시도 없는 것이다. 게다가 알 수를 추정하기 위해 필요한 '체중', '난소의 무게', '추정 방법'이 나와 있지 않기 때문에 어떤 식으로 3억 개라고 추정했는지도 불명확하다. 지금은 이 정보가 혼자 멋대로 독주하고 있고, 말 전달하기 게임과 연상 게임 속에서 점점 간략해지면서 이 가짜 지식이 진짜 지식으로 일반화되어 버리고 말았다. 정확하게 바로잡으면 '3억 개의 난소알을 기다리고 있었다'가 되어야 한다.

또한, 살아남은 개체에 관해서도 확실하게 밝혀진 정보는 없다. 이는 내가 해석하기에는 분명 '적어도 암수 한 쌍(=두 마리)'이 살아남으면 다음 세대의 생명으로 이어나갈 수 있다는 의미 같은데, 아무래도 '오직 두 마리만 살아남는다' 쪽으로 받아들이는 사람이 많은 듯하다. 실제로 얼마만큼 살아남는지는 아무도 모른다.

3억 개의 알을 낳는다지만 진실은 아무도 모른다네

10. 개복치의 피부는
권총을 맞아도 뚫리지 않는다?

개복치의 피부는 '권총으로 쏴도 총알이 피부를 뚫지 못하고 작살도 튕겨 나간다'는 말이 있는 한편으로, '손으로 만지면 손자국이 남을 정도로 피부가 약하다'는 이야기도 있다. 과연 어느 쪽이 사실일까?

우선 '권총으로 쏴도 총알이 피부를 뚫지 못하고 작살도 튕겨 나간다'부터 살펴보면, 이는 길버트 퍼시 휘틀리(Gilbert Percy Whitley, 1903~1975)가 1931년에 호주 박물관의 잡지에 발표한 논문과 『Field book of giant fishes』(J. R. Norman & F. C. Fraser, 1949, G. P. Putnam's Sons)라는 책에서 다룬 만큼 틀림없는 사실이다.

한편 '손으로 만지면 손자국이 남을 정도로 피부가 약하다'는 이야기는 '물고기는 변온동물이므로 고온인 인간의 손에 닿으면 화상을 입어 손바닥 자국이 남는다'라는 속설에서 파생되었다.

소형 개복치는 물론 가죽이 얇아서 손으로 만지면 온도에 영향을 미칠지도 모르나, 대형 개체는 총알도 뚫지 못할 만큼 가죽이 두껍기 때문에 손으로 만져도 전혀 문제되지 않는다.

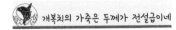
개복치의 가죽은 두께가 전설급이네

토픽⑫ 개복치를 연구하려면?

개복치에 대해 아직도 하고 싶은 말은 남아 있지만, 이 이야기를 끝으로 마무리 지으려 한다. 마지막으로 여러분이 어떻게 하면 가벼운 마음으로 개복치를 연구할 수 있는지 생각해보았다.

우선 '연구(研究)'란 한자 뜻 그대로 어떤 일에 대해 깊이 있게 조사하고 생각하는 것을 의미한다. 만화든 음악이든 운동이든, 물론 과학이든 '어떤 것을 깊이 있게 알아보고 탐구하려는 사람은 모두 연구자'라고 나는 생각한다. 하지만 연구를 직업으로 삼는 것은 별개의 문제로, 그러려면 우선 '박사'가 되어야 한다. 그 박사까지 가는 과정을 간단히 이야기해보겠다.

우선 초등학교, 중학교, 고등학교를 거쳐 대학교에 입학해야 한다. 일반적인 대학은 4학년이 되면 1년 간 연구하고 졸업 논문을 써서 '학사학위'를 받는다. 대학을 졸업한 후에는 대학원에 가서 석사 과정(박사 과정 전 단계)으로 2년 동안 연구하고 석사 논문을 써서 '석사학위'를 받는다.

마지막 단계로 박사 과정(박사 과정 후단계)으로 3~6년간 연구하고 '박사 논문'을 써서 '박사학위'를 받는다. 이렇게 해서 마침내 '박사'가 되는 것이다. 내가 박사학위를 취득한 것은 이 책을 쓰기 시작한 서른 살 무렵이

〔그림7-7〕 박사학위를 받은 저자(학위증을 들고 있는 사람)와 연구실 동료들. 자유로이 연구할 수 있었던 것은 다 연구실 동료들 덕분이었다.

었다(그림7-7).

박사가 되기란 참 어렵겠다고 생각하는 분도 많으리라. 실제로 몹시 힘들게 고생해서 박사가 된 것에 비해 박사학위는 실제로 활용할 만한 데가 별로 없는 것이 일본의 현실이다. 또 열심히 논문을 내도, 다른 일반인들은 거의 읽지 않는 경우가 대부분이어서 연구한 내용을 알리는 방법도 고민할 필요가 있다.

예컨대 최근에 나는 트위터로 새로운 논문을 발표했다는 내용을 알렸는데, 별로 이렇다 할 반응은 없었다. 하지만 그림을 달아 기사를 다시 작성해서 트위터에 올리자 이틀 뒤에는 만 건이 넘게 리트윗되었다(그림7-8). 이처럼 박사는 연구에서 홍보까지 해야 하니 여러모로 힘들다.

하지만 꼭 박사가 되지 않아도 '자유연구'라면 당장이라도 가능할 것 같지 않은가? 개복치는 일본인과 연관이 깊어서 자유연구의 소재로 안성맞춤이다. 이를테면,

先日出版されたウシマンボウ論文、この程度
じゃニュースにもならないし、英語だから読
む人も減るし、そもそも専門外の人が論文読
むなんてほとんどいないし・・・╲(^o^)╱アー
ッ　ってことで、結構苦労した論文なので
せめてフォロワーさんだけでも面白さをお伝
えしたくざっくりとまとめました。

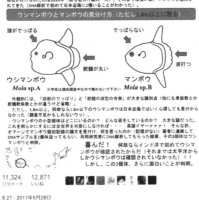

3日前に発表した論文 [Molecular and Morphological Identification of *Mola* Sunfish Specimens (Actinopterygii: Tetraodontiformes: Molidae) from the Indian Ocean] は、内容的には「ウシマンボウの中型個体（1m前後）が初めてオマーン海域で見つかったよ！」という論文。

謎多きマンボウよりもさらに謎が多いウシマンボウ。何故なら和名が付けられたのは2010年（私も名づけ親の一人）、それまでは長い間、マンボウと混同されてきた（DNA解析で初めて日本近海に2種いることがわかった）。

ウシマンボウとマンボウの見分け方（ただし、1.8m以上に限る）

頭がでっぱる　　でっぱらない

舵鰭が丸い　　波打つ

ウシマンボウ　　マンボウ
Mola sp.A　　*Mola* sp.B

※学名は現在調査中なので触れないで下さい

外観的には、「頭部のでっぱり」と「舵鰭の波型の有無」が大きな識別点（他にも骨板数とか舵鰭軟条数とかがあるけど省略）。
ただし、1.8m以上、何故なら1.8m以下のウシマンボウは日本近海ではいくら探しても見付からなかった（調査不足かもしれないウッ）。
ウシマンボウの中型個体はどこにいるのか？　どんな姿をしているのか？　大きな謎だった。まだ見つかっていないだけかもしれないが、それでもみな。英語イヤァァァァ！そんな折、オマーンでマンボウ類初記録の論文を見付け、何を思ったのか（記憶がない）著者に連絡してDNAサンプルを2個体送ってもらい、共同研究者にDNAを解析してもらった結果、その2個体はウシマンボウと判明。

喜んだ！　何故ならインドで初めてウシマンボウが確認されたからだ（それまでは太平洋からしかウシマンボウは確認されていなかった）！！
しかし、この2個体、さらに面白いことが判明。

11,324　12,871
リツイート　いいね

6:27 - 2017年5月28日

25　　11,324　　12,871

[그림7-8] 1만 회 넘게 리트윗된 논문 내용을 이해하기 쉽게 정리한 트위터 일부

개복치 박물관@8월 출판 기념 콜라보 모집 중
@manboumuseum
"얼마 전 발표된 소개복치 논문, 이 정도로는 뉴스거리도 되지 못하고 영어라서 읽는
사람도 줄어들고, 애당초 일반인이 논문을 읽을 일은 거의 없고…╲(^o^)╱ 악 하지
만 아주 고생해서 쓴 논문이어서 적어도 팔로워 분들에게만이라도 재미를 전달하
고 싶어 간략히 정리해 보았습니다."

7장. 개복치의 민속학: 전승에서 도시전설까지

①자료 모으기. 게임하듯이 개복치 문헌과 논문을 모아 자기 나름대로 카테고리 별로 분류해 정리하면 그것만으로도 훌륭한 자유연구가 된다. 정리한 자료를 가지고 굿즈를 만들어 이벤트 등을 할 때 같이 선보이는 것도 재미있을 것이다. 나 역시 연구도 홍보할 겸 생물계 굿즈 판매에 참여하고 있다(권두 '개복치 무엇이든 박물관' 참조).

②웹서핑. 인터넷에 올라오는 정보는 빠짐없이 확인. 특히 사진과 동영상은 개복치의 생태를 기록하는 아주 중요한 자료이다. 나도 인터넷에서 찾은 사진을 보고 소개복치의 새로운 분포를 발견해 논문으로 발표한 적이 있다(다만 지금까지 말했듯 인터넷 정보는 그대로 받아들이지 말고 직접 잘 알아볼 것. 또 사진과 동영상을 쓰고 싶을 때는 제공자에게 연락해서 사용 허가를 받아야 한다).

③수족관에 가서 관찰하기. 일본은 세계 유수의 개복치 사육국가다. 사육지와 자연은 비록 환경은 다르지만, 예컨대 몸빛이 바뀌는 순간이라든지 산란하는 순간, 점프하는 순간 등을 기록할 수 있다면 그것만으로도 충분히 귀중한 정보가 된다.

④요리. 얼마나 삶으면 탄력이 얼마나 늘어나는가, 간은 어떻게 해야 좋을까 등 개복치를 맛있게 먹는 법을 찾아보면 좋을 것이다.

이처럼 어떻게 발상하느냐에 따라 자유연구는 무한히 가능하다. 이 책을 읽어주신 여러분은 이제 상당한 '개복치통'으로 거듭나게 되었다. 여기서 한 걸음 더 나아가 자유연구를 시작하면…지금보다 훨씬 더 즐거울지도 모른다!

 즐거움이 가득한 개복치 자유연구!

맺음말

자, 지금까지 발표한 나의 개복치 자유연구를 어떻게 보셨는
가? 즐겁게 읽어주셨다면 한없이 기쁘겠다.

　내가 이 책을 쓰려고 생각할 무렵에는, 서점에서 아무리 개
복치 관련 서적을 찾아봐도 나오지 않아서 그렇다면 내가 직접
'궁극의 개복치 잡학책', '개복치학 입문서'를 만들어보자고 다
짐했었다. 최대한 최신 정보를 가득 채우고 어류의 기초 지식
과 연구자의 사정에 대해서도 동시에 공부할 수 있도록 했다.

　아마 이 정도로 개복치를 다각적으로 다룬 책은 에도시대
에 구리모토 단슈가 집필한 『번차고』 이래로 약 200년(내가 너
무 과장했나?)만일 것이다.

　이 책은 중·고등학생들을 주요 독자로 삼아 기획했지만 전
세대가 모두 즐길 수 있도록 유명한 화젯거리, 특이한 이야기
도 많이 담았다. 이 책은 내게는 기념할 만한 첫 단독 저서이자
우여곡절과 함께 연구해 온 내 11년간의 성과와 추억을, 연구

의 뒷이야기와 아직 발표하지 않은 내 사견까지 더해 농밀하게 담아낸 책이다. 요즘 시대는 인터넷에 검색만 하면 대체로 개인을 특정할 수 있으므로 어떤 의견이 있으시면 내게 직접 연락 부탁드린다(만약 이 책을 재미있게 읽으셨다면 여러분도 꼭 SNS 등을 통해 홍보해주시길!).

나는 우수한 연구자가 아니어서 아직 이루어 놓은 업적은 별로 없다. 조금이라도 더 빨리 더 굉장한 연구 성과를 요구하는 경쟁 사회에서 나는 연구자가 적성에 맞지 않는 게 아닐까? 하고 고민하던 적도 많았다. 하지만 어찌됐건 지금까지 11년이라는 시간 동안 개복치 연구에만 푹 빠져 살았다(이따금 연구하기 싫은 적도 있었지만).

개복치는 거대하기 때문에 신뢰할 만한 정보를 얻기까지 시간과 돈, 막대한 노력을 필요로 한다. 나도 이 책을 집필하는 동안 박사학위를 무사히 취득했는데…그 후로 박사후과정 연구원 기간이 끝나고 백수가 되어 헬로워크(구직소개소)를 전전하다가 다시 계약직이기는 하지만 연구원이 되어 현재 32살을 맞이했다.

나이를 봐서도 앞으로 인생이 또 어떻게 흘러갈지는 알 수 없지만, 안정적으로 개복치 연구를 할 수 있는 환경을 찾아, 또 내가 죽는 순간까지 평생 직업으로 개복치를 모니터링하고 개인 규모라도 연구를 계속 이어나가 조금씩이나마 성과를 발표할 수 있기를 희망한다.

분류와 관련된 연구를 하다 보면 과거 연구 성과뿐 아니라 그 연구자의 삶까지도 같이 연구하게 된다. 하지만 좀 더 자세히 알고 싶어도 타임슬립을 하지 않는 한 돌아가신 분께 직접 이야기를 물을 수는 없는 노릇이다. 그래서 나는 미래의 사람들을 위한 참고자료가 될 수 있도록 나의 연구 인생과 현재 사람과 개복치의 관계를 이 책에 아로새기려고 생각했다.

또 나는 인문 계통이든 수리 계통이든 가리지 않고 재미있는 것을 좋아하기 때문에, 연구 홍보까지 겸해 '개복치 무엇이든 박물관'이라는 동호회를 만들어서 개복치에 관심 있는 사람들을 모으고 굿즈 판매 이벤트에 참가하는 등 창작 활동도 하고 있다. 앞으로 개복치를 좋아하는 동료를 모아 진짜 개복치 박물관을 짓고, 굿즈 판매 등으로 돈을 벌며 연구를 계속 해나가는 것이 나의 꿈이다.

사실 이 책을 쓸 기회를 주신 이와나미 쇼텐의 시오다 하루카 씨와 멋진 표지 그림을 그려주신 화가 쓰쿠노스케 씨를 만난 것도 다 '박물 페스티벌'이라는 이벤트에 동호회가 출전한 덕분이었다. 시오다 씨께는 이 책을 만들면서 정말 많은 도움을 받았다. 시오다 씨가 그때 나를 스카우트해 주지 않으셨다면 이 책은 빛을 보지 못했을 것이기에, 진심으로 감사드린다.

그밖에도 이 책을 집필하면서 수많은 분의 도움을 받았다. 지면의 한계로 모든 분의 성함을 일일이 열거하지는 못하지만 마음을 다해 감사 인사를 드리고 싶다.

특히 바쁜 와중에도 원고를 확인해 주신 야마노우에 유스케 씨, 와타나베 유키 씨, 사토 가츠후미 교수님, 사가라 고타로 씨, 요시다 유키코 씨, 오랜 기간 많은 도움 주셨던 하시모토 히로아키 교수님, 사카이 요이치 교수님, 도가야마 쓰요시

교수님을 비롯한 히로시마 대학 대학원 생물권 과학연구과 수권 자원생물학 연구실 및 글로벌 커리어 디자인센터 여러분, 제가 생활할 수 있게 늘 뒷받침해 주신 어머니, 미에, 할머니, 모로토 이미루에게 감사드린다.

또, 이 책을 집필하면서 많은 문헌과 웹사이트의 도움도 받았다. 이것 역시 지면의 한계 때문에 모든 출전을 명기할 수는 없지만, 몇 가지 참고 문헌을 부록에 표시했으니 개복치에 대해 더 알고 싶은 분은 꼭 참고하시기 바란다.

그리고 마지막으로, 이 책을 골라 끝까지 읽어주신 독자 여러분께도 감사 인사를 빼놓을 수 없다. 정말 감사드린다. 만약 이벤트 등을 통해 언젠가 만나게 된다면 꼭 말 걸어주시면 기쁠 것이다.

이 책을 출간하기 직전에 논문이 나와서 C종이 신종 *Mola tecta*(후드윙커개복치)가 되었다는 것 등 여기서 아직 못한 말이 많다. 다음 책에서 다시 여러분께 이야기해 드릴 수 있기를 바란다.

2017년 7월 혼자 사는 아파트에서
사와이 에쓰로

참고 문헌

『魚学入門』, 岩井保, 2005, 恒星社厚生閣

『研究する水族館―水槽展示だけではない知的な世界』, 猿渡敏郎・西源二郎(編著), 2009, 東海大学出版会

『巨大翼竜は飛べたのか――スケールと行動の動物学』, 佐藤克文, 2011, 平凡社

『黒潮の魚たち』, 松浦啓一, 2012, 東海大学出版会

『ペンギンが教えてくれた 物理のはなし』, 渡辺佑基, 2014, 河出書房新社

『野生動物は何を見ているのか――バイオロギング奮闘記』, 佐藤克文・青木かがり・中村乙水・渡辺 伸一, 2015, 丸善プラネット

『日本産フグ類図鑑』, 松浦啓一, 2017, 東海大学出版会

澤井悦郎・山野上祐介. 2016. マンボウとウシマンボウと日本におけるマンボウ研究. 海洋と生物, 38(4): 451-457.

澤井悦郎. 2017. マンボウの現代民俗―ネットロア化した「マンボウの死因」に関する考察. Biostory, 27:89-96.

Sawai E, Yamanoue Y, Jawad L, Al-Mamry J, Sakai Y. 2017. Molecular and morphological identification of Mola sunfish specimens(Actinopterygil: Tetraodontiformes: Molidea)from the Indian Ocean. Species Diversity, 22(1): 99-104

※ 지면 한계로 모든 참고문헌을 올릴 수 없어서 개복치에 관한 내용의 책을 중심으로 엄선했다(본문에는 문헌 정보만 실린 경우도 있다).

본문에 실린 사진 출처

6장 표지(위) Rondelet Q. 1554. Libri de piscibus marinis, in quibus verae piscium effigies expressae sunt. Matthias Bonhomme.

6장 표지(아래) Salviani I. 1554. Aquatilium animalium historiae, liber primus, cum eorumdem formis, aere excusis. Hippolytus Salvianus.

그림 및 사진 제공

개복치 무엇이든 박물관 ◆ 사진 번호 ①③ 하사마 수중공원 개복치랜드. ⑦아쿠아월드 이바라기현 오아라이 수족관. 개복치를 들고 있는 저자 일러스트: 토라네코(일러스트레이터)

개복치 무엇이든 박물관 요리 편 ◆ 사진 번호 ③ 요시다 유키코

그림1-12 자주복 사진: 시모노세키 시립 시모노세키 수족관 가이쿄칸
그림1-12 "개복치": 사진: 아쿠아월드 이바라기현 오아라이 수족관
그림2-6 쐐기개복치 전신 사진:
　　　　 아쿠아월드 이바라기현 오아라이 수족관
3장 표지　마쓰이 모에
그림3-3　사가라 고타로
4장 표지　와타나베 유키
그림4-3　와타나베 유키(Watanabe et al.〔2015〕의 그림을 개편)
5장 표지　치어 표본: 수산청(국제 자원 조사 레드 플라잉 오징어
　　　　　 Ommastrephes bartramii 가일랑 조사)
그림5-2　기데라 데쓰아키

소재 제공

머리말　©divedog/123RF stock Photo
개복치 무엇이든 박물관 ⑱ 개복치 우표
　(가운데)©alzam/123RF stock Photo
　(오른쪽)©bluake/123RF stock Photo
그림3-10　©paylessimages/123RF stock Photo
5장 표지　©paylessimages/123RF stock Photo
일러스트　쓰구노스케

개복치를 볼 수 있는 일본 주요 시설

개복치는 사육하기 어려운 만큼 기간 한정 공개 혹은 사육하지 않는 시기도 있다. 그러니 견학하러 가기 전에 미리 문의하는 것이 좋다. 또 아래에 소개한 곳 이외의 시설이라도 갑자기 사육하는 경우가 있으니 참고 바란다.

성공적으로 개복치를 사육 중인 시설

센다이 우미노모리 수족관(미야기현), 아쿠아월드 이바라기현 오아라이 수족관(이바라기현), 가모가와 시월드(지바현), 선샤인 수족관(도쿄도), 요코하마 핫케이지마 시파라다이스(가나가와현), 시모다 수중박물관(시즈오카현), 노토지마 수족관(이시카와현), 나고야항 박물관(아이치愛知현), 시마 마린랜드(미에현), 도바 수족관(미에현), 가이유칸(오사카부), 고치현립 아시즈리해양관(고치현), 시모노세키시립 시모노세키수족관 가이쿄칸(야마구치山口현), 오이타 마린팔레스 수족관 우미타마고(오이타현), 오이타현 마린컬처센터(오이타현), 이오월드 가고시마 수족관(가고시마鹿児島현)

기간 한정으로 개복치와 수영할 수 있는 시설

하사마 수중공원 개복치랜드(지바현), 클럽노어 스사미(와카야마현), 아시즈리 다이빙센터(고치현)